현명한 부모는
아이를 느리게 키운다

현명한 부모는
아이를 느리게 키운다

초판 1쇄 발행 2010년 6월 11일
초판 9쇄 발행 2011년 4월 7일

지은이 | 신의진
발행인 | 최봉수
총편집인 | 이수미
편집인 | 강수진
편집장 | 주정림
책임편집 | 유소연

디자인 | 이석운, 김미연
사진 | 문서빈, 조근형
마케팅 | 박창흠, 이영인, 정상희, 김남연, 김도현, 이은미
제작 | 한동수, 류정옥

임프린트 | 걷는나무
주소 | 서울시 종로구 동숭동 199-16 웅진빌딩 5층
주문전화 | 02-3670-1570, 1571 팩스 | 02-3675-5413
문의전화 | 02-3670-1158(편집) 02-3670-1017(영업)
홈페이지 | http://cafe.naver.com/walkingbooks
이메일 | walkingbooks@naver.com

발행처 | (주)웅진씽크빅
출판신고 | 1980년 3월 29일 제 406-2007-00046호

ⓒ 신의진 2010(저작권자와 맺은 특약에 따라 검인을 생략합니다.)

ISBN 978-89-01-10920-6 (03590)

- 걷는나무는 (주)웅진씽크빅 단행본개발본부의 임프린트입니다. 이 책은 저작권법에 따라 보호받는 저작물이므로 무단전재와 무단 복제를 금지하며, 이 책 내용의 전부 또는 일부를 이용하려면 반드시 저작권자와 (주)웅진씽크빅의 서면동의를 받아야 합니다.
- 잘못된 책은 바꾸어 드립니다.
- 책값은 뒤표지에 있습니다.
- 이 책은 『현명한 부모들은 아이를 느리게 키운다』(2000)와 『느림보 학습법』(2001)의 개정 증보판입니다.

현명한 부모는 아이를 느리게 키운다

| 신의진 지음 |

Prologue

● 아이큐 136의 초등학교 3학년 여자아이가 있었다. 나는 그 아이가 굉장히 똑똑하다고 결론을 내렸는데 그 엄마 말은 달랐다. 애가 다른 애랑 비교해서 너무 모자라다는 거다. 그런 얘기를 하는 자기 엄마를 그 아이는 시큰둥한 표정으로 바라볼 뿐이었다. 보통 아이 같으면 그럴 때 자기에 관해 나쁜 얘기를 한다고 화를 내거나 울상이 될 텐데 말이다. 내겐 그게 적신호로 보였다.

알고 보니 그 아이는 너무 어릴 때부터 감당할 수 없을 만큼의 공부에 시달려 왔다. 방학이 되면 그 엄마는 아이더러 독후감을 하루 세 개씩 쓰게 했다. 내가 너무 놀라서 애한테 무슨 공부를 그렇게 많이 시키느냐고 했더니 그 엄마가 말하길, 다른 아이들도 방학 동안 최소한 50권 정도는 읽는단다. 그 한마디로 나는 그동안 아이가 어떻게 살아 왔을지 단박에 알아차렸다.

상담이 계속되었지만 그 아이는 좀처럼 자신의 마음을 열지 않았다. 그래서 나는 할 수 없이 엄마를 내보내고 아이와 따로 대화하는 방식을 취했다. 그렇게 아이의 마음을 달래기를 며칠,

"선생님이 얘기를 하면 그래도 엄마가 조금 들어요, 내 말은 그렇게 안 들으면서."

내 귀를 번쩍 뜨이게 하는 말이었다. 무슨 말 끝엔가 내가 다시 물었다.

"너는 어쩌면 그렇게 똑똑하니?"

그러자 아이가 되물었다.

"선생님, 제가 정말 똑똑해요? 하긴, 저 선생님이 쓰신 책 좀 봤어요."

잠깐 섬뜩해지는 느낌. 애가 정말 애답지 않았다. 잠시 침묵이 흘렀다. 그리고는 충격적인 말을 아무렇지도 않게 내뱉었다.

"나는 세상에 재미있는 게 하나도 없어요. 모든 게 그냥 짜증이 나요."

어린아이들은 세상을 모른다. 그래서 기본적으로 세상에 대해 무궁한 호기심과 알고 싶다는 열정을 가지고 있다. 그런데 그 아이에게는 어린 아이다운 열정과 에너지가 조금도 남아 있지 않았다. 상담을 하다 보니 아이의 문제는 과도한 공부로 인한 스트레스에서 오는 것임이 분명히 드러났다. 아이에게 공부는 짜증나고, 힘들고, 하기 싫지만 엄마가 시키니까 할 수 없이 해야만 하는 것이었다. 그 때문에 생긴 스트레스는 아이가 가지고 있던 호기심을 조금씩 갉아먹었고, 결국에는 아이로 하여금 무엇이든 생각하고 탐구하는 것 자체를 싫어하게 만들어 버렸다.

나는 그 아이를 치료하면서 무척이나 마음이 아팠다. 아무 문제없이 자랄 수 있는 아이인데도 엄마의 무리한 욕심과 강요로 인해 마음의 병을 얻었기 때문이다. 몸에 난 상처는 시간이 가면 아물지만 마음에 입은 상처는 지워지지 않는 법이다. 더 안타까운 사실은 과도한 조기교육 열풍이 좀처럼 꺼질 줄을 모른다는 것이다.

물론 조기교육을 시키는 엄마들의 심정을 모르는 바는 아니다. 남들 다 하는데 우리 집 애만 뒤처지면 어쩌나 하는 걱정스런 마음을 충분히 이해하기 때문이다. 왜 모르겠는가. 나 역시 소아정신과 의사이기 이전에 두 아들을 키우는 엄마인데······.

특히나 지금은 고등학교 3학년이 된 큰아들 경모를 키우면서 무수한 시행착오를 거듭해야 했다. 경모는 원래 집중력 장애에 틱 장애까지 겹쳐 자기 세계 안에 갇혀서 세상과 접촉하기를 무척이나 꺼렸다. 유치원에서 친구들과 어울리지 못하고 저 혼자 기차놀이를 하는 건 문제 축에도 끼지 않았다. "더러워서 싫다"며 유치원 마당에 깔려 있는 모래에 손 한 번 대지 않은 시간이 일 년. 푹푹 찌는 한여름에도 반바지 속에 내복을 입고 집을 나서고, 초등학교 1학년 때는 수업 시간에 커다란 지구본을 들고 교실 안을 걸어 다닌 아이가 바로 경모였다. 덕분에 늘 휴대전화를 몸의 일부인 듯 끼고 다녀야 했다. 아무리 마음을 다잡아도, 경모에게 또 문제가 생겼다는 선생님의 전화를 받을 때면 정말 그 자리에 앉아 엉엉 울고 싶었다.

그런 나에게 둘째 정모는 하늘이 준 선물 같았다. 미국에 있을 때 아동 발달 연구의 일환으로 받은 검사에서 정모는 전 영역에 걸쳐 또래보다 최소 1년 빠르다는 판정을 받았다. 다른 동료들이 "정모는 영재반에 가야겠다"는 말을 할 정도였으니 무슨 걱정이 있었겠는가. 하나를 시키면 열을 아는 정모 덕분에 그저 행복할 따름이었다.

하지만 시간이 흐르면서 한 가지 커다란 사실을 깨닫게 되었다. 큰아이 경모만큼이나 작은아이 정모를 키우는 일도 그리 쉽지 않다는 것을 말이다. 아이를 키우면서 나를 가장 힘들게 만든 것이 바로 나 자신이었다. 아이를 제대로 이해하지도 못하면서 쓸데없는 욕심으로 아이를 다그쳤다.

큰아이에게는 그랬다. 세상과 교류하는 법만 제대로 가르쳐 주면 된다 싶으면서도 자꾸만 불안했다. 그러지 말자 하면서도 또래 아이들과 비교하게 되고, 그런 날이면 내 초조감은 더해만 갔다. 그래서 극도의 거부 반응을 보이는 아이를 억지로 앉혀 놓고, 구슬려 가며 어떻게 해서든 가르치려 들었다.

작은아이에게는 더했다. 하나를 가르쳐 주면 열을 아는 정모에게 어느 순간 나도 모르게 '이것도 한번 가르쳐 봐?'라는 강렬한 유혹을 느끼게 되었다. 이것도 시켜 보고 싶고, 저것도 시켜 보고 싶고. 한번 그렇게 생각하기 시작하니까 정신을 차릴 수가 없었다.

그러나 그 모든 게 순전히 나만의 욕심임을 깨닫는 데는 그리 오랜 시간이 걸리지 않았다. 경모는 나에게조차 마음의 문을 닫아 버렸고, 정모는 급기야 공부에 대한 스트레스로 거짓말을 하기에 이르렀다. 특히 정모가 내게 던져 준 충격은 너무나 컸다. 경모도 아닌 정모가 문제를 일으키리라곤 단 한 번도 생각해 본 적이 없었기 때문이다. 어느 날 정모의 유치원 선생님으로부터 정모가 유치원에서 한글 공책을 일부러 숨겨 놓고는 잃어버렸다고 거짓말을 했다는 전화를 받았다. 가슴이 철렁했다. 그날 나는 정모를 앉혀 놓고 물었다.

"선생님한테 거짓말할 정도로 한글 공부가 하기 싫었어?"

"……."

"정모야!"

잠시 후에 고개를 들어 나를 쳐다보는 정모의 눈에는 눈물이 가득했다.

"나 한글 잘 못한단 말이야!"

정모의 입에서 못한다는 말을 그때 처음 들었다. 그 순간 내가 무슨 말을 할 수 있었겠는가. 그저 정모의 머리를 가만가만 쓰다듬으며 나의 어리석음을 탓할 뿐이었다.

조기교육 열풍이 갈수록 심해지고 있다. 요즘은 두 살 때 유치원 과정을, 초등학교 1학년 때는 4학년 과정을, 초등학교 4학년 때는 중학교 과정을 미리 가르친다. 마치 똑같은 과목을 남보다 빨리만 습득하면 모든 문제가 풀릴 것처럼 말이다. 이처럼 아이를 공부시키는 게 속도전을 방불케 하는 지금, 절대 남들처럼 무리하게 가르치지 않겠다고 결심해도 그 원칙을 지켜 나가는 게 결코 쉽지 않다. 나도 그랬다. 그래서 부끄럽게도, 소아정신과 의사임에도 불구하고 두 아이들을 키우면서 위와 같은 시행착오를 수없이 되풀이했더랬다.

고백컨대, 무수한 시행착오의 경험을 이렇게 낱낱이 끄집어내는 게 나에게 결코 쉬운 일은 아니었지만 아이가 행복하게 크길 바라는 부모들이 나와 같은 시행착오를 조금이나마 줄였으면 하는 바람으로 용기를 내게 되었다. 내가 이렇게 아이를 느리게 키우자고 말할 수 있는 것은, 수많은 유혹을 이겨내고 조기교육을 시키지 않은 결과 두 아들 모두 행복한 인생의 우등생으로 잘 자라고 있기 때문이다. 고등학교 3학년인 경모는 어려운 사람들을 도와주는 사람이 되고 싶다는 꿈을 가지고 미국에서 공부 중이며, 중학교 2학년인 정모는 하루에도 몇 번씩 꿈이 바뀔 만큼 하고 싶은 일이 많고, 그것을 즐겁게 해 나가고 있다. 나는 아이들이 행복하게 커 나가는 모습을 보며 확신하게 되었다. 조기교육이 결코 답이 될 수 없다는 사실을 말이다.

『현명한 부모들은 아이를 느리게 키운다』를 내놓고 벌써 10년이 흘렀다. 그런데 트렌드만 바뀌었을 뿐 조기교육 바람은 점점 더 거세지고, 그로 인해 마음이 아픈 아이들이 더 늘어나고 있다. 마음이 무거웠다. 이 책이 일본과 중국에서 발간된 뒤 강연을 하러 갔을 때도 심정은 비슷했다. 그래서 이번에 느리게 키우기의 구체적인 실천법을 제시한 『느림보 학습법』과 합쳐서 개정 증보판을 내게 되었다.

정말이지 이 책을 읽고 단 한 사람의 엄마만이라도 더 이상 불안해하거나 조급해 하지 않고 '남들 하는 대로'라는 틀에서 과감히 벗어나 아이를 보호할 수 있으면, 그래서 엄마와 아이 모두 행복하게 살아갈 수 있었으면 좋겠다.

2010년 6월
신의진

Contents

● Prologue ·· 004

chapter 1
현명한 부모는 아이를 느리게 키운다

앞으로는 이런 아이가 성공한다 ······················· 017
부모 될 자격이 있는지 스스로 진단해 보라 ·············· 022
아이 기르는 데 느림은 선택이 아닌 필수다 ·············· 032
라다크의 육아법에서 배워야만 할 것들 ················· 038
'느리게 키우기'에 대한 잘못된 오해 ···················· 043
느리게 키운다는 것의 진짜 의미 : 원 스텝 비하인드, 원 스텝 어헤드 ··· 048
아이들의 스트레스가 더 위험한 까닭 ···················· 056
아이를 느리게 키우는 부모들의 기본 덕목 4가지 ·········· 063

chapter 2
다섯 살까지는 마음껏 놀게 하라

- 부모들이 저지르기 쉬운 실수 4가지 · 079
- 아이큐 절대 믿지 마라 · 093
- 아이들의 뇌에 숨어 있는 놀라운 비밀 · 098
- 내가 정모를 영재 학원에 보내지 않은 이유 · · · · · · · · · · · · · · · · · 104
- 당신의 아이가 바로 'Late Bloomer'일지도 모른다 · · · · · · · · · 111

chapter 3
아이마다 맞는 학습법이 따로 있다

- 당신은 지금 아이에게 무엇을 가르치고 있는가? · · · · · · · · · · · 121
- 아이마다 맞는 학습법이 따로 있다 · 138
- 내 아이에게 딱 맞는 학습법 찾기 · 143
- 답은 아이가 가장 좋아하는 것에 있다 · 151
- 그래도 경모를 학교에 보내는 이유 · 162
- 맞벌이 엄마가 지켜야 할 원칙 4가지 · 171
- 아이 학습에 아빠가 절대적으로 필요한 까닭 · · · · · · · · · · · · · · · 181

chapter 4
내가 두 아이를 키우면서 배운 것들

- 결코 불가능한 꿈은 없다 191
- 내가 소아정신과를 택한 이유 198
- 남편의 부모 노릇 배우기 203
- 형제 사이에도 강은 흐른다 209
- 부모가 된다는 것의 의미 1 214
- 부모가 된다는 것의 의미 2 220
- 함께한다는 것의 위대함 226

chapter 5
아이를 느리게 키우기 위한 원칙 10

- 감정 조절을 속옷처럼 생각하라 233
- 아이가 거짓말해도 야단치지 마라 239
- 아이를 위하여 숙제를 대신해 주라 244
- 혼내기 전에 아이와 협상을 해 보라 250
- 일부러 실수하게 만들어라 258
- 문제 행동의 이유를 모를 땐 일단 참아라 263

체험보다 더 훌륭한 교육은 없다 · 268
'조금 더' 가르치고 싶을 때가 멈출 때다 · · · · · · · · · · · · · · · · 273
아이는 당신의 모든 것을 따라한다 · 278
함께 있되 거리를 두라 · 283

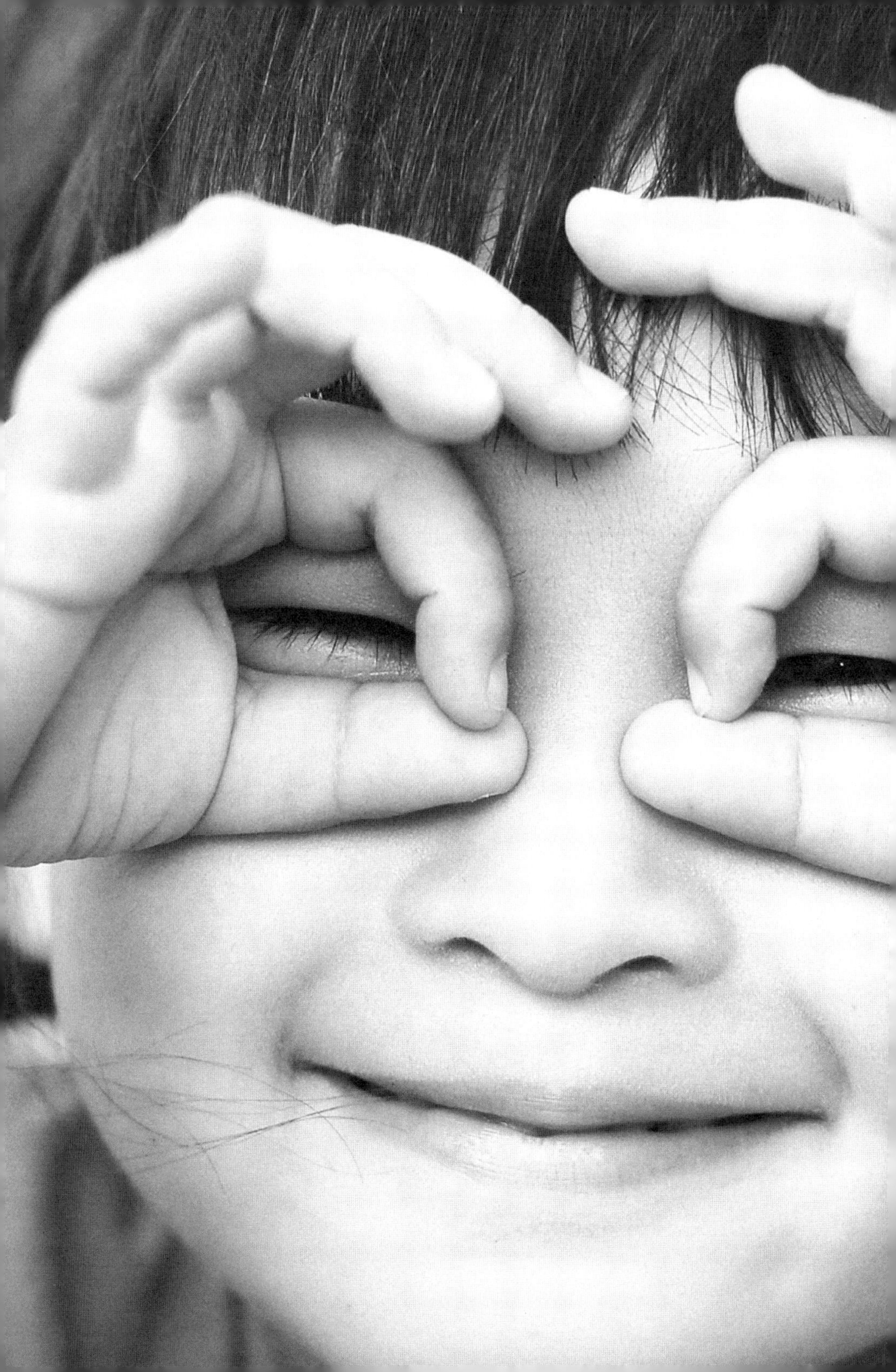

chapter 1

현명한
부모는 아이를
느리게 키운다

아이를 제대로 키우고 싶은 부모들이 갖추어야 할
가장 큰 덕목은 서두르지 않고 기다릴 줄 아는 지혜다.
일본의 도쿠가와 이에야스는 말했다.
"사람의 인생은 무거운 짐을 짊어지고 먼 길을
걸어가는 것과 같기 때문에 절대로 서두르면 안 된다."

앞으로는
이런 아이가 성공한다

● 　직업상, 나는 보통 하루에도 스무 명이 넘는 아이들과 그들의 엄마를 만난다. 정신적인 피곤함과 아픔을 호소하는 그들을 온종일 상대하기란 그리 만만한 일이 아니다. 마음이 아픈 그들에게 도움을 주고, 그 덕에 건강을 되찾는 모습을 보면 기쁘고 보람되지만, 때로는 솔직히 그 일이 버거울 때도 있다.

　하지만 그런 피곤한 마음은 두 아들의 해맑은 웃음을 보는 순간 신기하게도 싸악 사라진다. 녀석들과 어울리다 보면 언제 그랬느냐는 듯 잃어버린 웃음을 금방 되찾게도 된다. 그럴 때마다 나는 아이들에게 감사하다. 엄마라면 누구나 같은 심정일 게다.

　그래서 어쩌다 모임이 있어 집에 늦게 들어가는 날에도, 나는 신발을 벗자마자 아이들부터 확인한다. 그렇게 한참 동안 잠든 아이들을 바라보고 있노라면 문득 앞으로 이 아이들이 자라서 어떤 사람이 될까 궁금해진다. 그리고 한편으론 어떻게 키워야 제대로 키울 수 있을지 고민하게 된다.

이와 관련해 연세대학교 사회학과 조한혜정 교수는 앞으로 우리 사회가 복합적이고 불확실한 위험 사회로 이행할 것이라고 예측했다. 때문에 '공부를 이만큼 하면 좋은 대학에 들어가서 사회적으로 인정을 받는 훌륭한 사람이 된다'는 식의 근대적 발상의 룰이 완전히 없어진다는 것이다.

나는 조 교수의 말처럼 미래 사회가 점점 복합적이고 불확실한 위험 사회로 가는 것을 긍정적으로 생각한다. 혈연과 지연, 학연으로 인해 찌들었던 기성세대들에 비하면 우리 아이들이 커 나갈 사회는 참으로 살맛나는 세상일 것도 같다. 정해진 엘리트 코스가 없는, 성공의 척도가 개인의 노력과 의지에 의해 좌우되는 세상, 생각만 해도 얼마나 멋진 일인가.

하지만 개인의 자유의지가 커지는 만큼 '존재의 불안함'도 커지지 않을까 하는 우려를 하지 않을 수 없다. 인류에게 종교와 결혼, 가족 제도가 있는 것은 어딘가 기댈 곳을 찾는 존재의 불안함 때문이다. 나의 존재 의미를 스스로 찾는 것이 너무나 어렵기 때문에 그것을 외부에서 구하고자 하는 것이다.

혹자는 그것이 인간의 자유의지를 말살시키고 삶을 구속하는 족쇄라고 하지만, 어찌 되었건 사람은 존재의 불안함으로 인해 스스로 구속받기를 원하는 본성이 있다.

그런데 인간이 마음대로 할 수 있는 능력이 자꾸 커지게 되면 불안함은 가속화될 수밖에 없다. 매사에 모든 것을 선택하고 책임져야 하는 부담감은 물론, 주체할 수 없는 자유에 맞닥뜨렸을 때 느끼는 불안은 이루 말할 수 없을 것이다. 모든 것을 자율적으로 혼자 해결해야 하기 때문이다.

그렇다면 과연 이런 사회 변화 속에서 우리 아이들에게 가장 필요한 것이 무엇이겠는가. 사회가 불확실할수록, 개인의 자유가 커지고 선택의 폭이 다각화될수록 가장 필요한 것은 '자아 정체성(Self-identity)'이다. 자아 정체성은 자기 자신에 대한 내적인 느낌, 자아상, 외부의 평가 등이 통합되어 내가 누구인가를 자각하는 것이다. 이는 외부의 환경이나 주위 사람과의 접촉 속에서도 자아가 분열되거나 흔들리지 않을 수 있는 능력을 갖게 한다. 이것을 갖춘 사람은 혼자 있으면서도 외롭지 않고, 다른 사람과 관계를 맺을 때 상대의 프라이버시를 침범하지 않으면서도 정신적인 끈을 공고하게 유지해 나간다.

또한 자아 정체성이 강한 사람은 스스로를 객관적인 눈으로 바라볼 줄 안다. 그것은 곧 자기가 원하는 일을 빨리 찾아낼 수 있는 능력이 크다는 것을 의미한다. 물론 그것이 미래 사회에서 성공의 지름길임은 말할 것도 없다.

그러므로 나는 내 아이들이 자아 정체성이 분명한 사람으로 자라나기를 원한다. 그런데 이 자아 정체성이라는 것은 그 특성상 어느 한순간에, 급한 마음으로 서두른다고 해서 얻어지는 것이 아니다. 억지로 가르치려 든다고 해서 주입되는 것은 더군다나 아니다. 태어나는 순간부터 시작해서 엄마를 알고, 엄마를 통해 세상을 알고, 나아가 세상과 맞부딪치며 무수한 실패와 좌절을 이겨 내는 과정을 통해 어렵게, 그리고 늦되게 얻어지는 것이다.

아이의 자아 정체성은 세상과 부딪치며 실수를 한 기억, 그것의 피드백으로 얻어진다. '아 이건 안 되는구나, 이건 내게 맞는 방법이 아니구나' 하는 깨달음을 통해 스스로를 되돌아보고 자아상을 만들어 가는 것이다. 쉽게 말해 많이 넘어져 본 아이가 그만큼 자기 정체성이 강하다.

그런데 우리 엄마들은 도무지 아이가 마음껏 경험하고 실패해 볼 기회를 주지 않는다. 그저 남들이 다 가는 안전한 길만을 따라가라고 재촉할 뿐이다.

그래서 지금 결과가 어떠한가. 엄마와 학교가 시키는 대로 공부만 죽어라 하다가 대학에 들어가고 나서야 자기 존재의 의미, 자기 정체성에 대해 고민을 한다. 그전까지 자신의 모든 것을 차압당한 채 수동적으로 살아오다가 갑자기 자기 자신을 찾아가려니 방황하는 것이 당연하다. 본격적으로 인생의 의미나 나아갈 방향에 대해 진지한 고민을 해야 할 시기에, 뒤늦게 자아 정체성의 확립이라는 문제에 부딪쳐 방황을 하는 것이다.

좋아하는 일을 제대로 찾아내기만 해도 아이는 성공의 절반은 이룬 셈이다. 그러나 이를 '제대로' 찾아내려면 오랜 시간과 많은 시행착오가 필요하다. 그렇다고 부모가 대신 찾아 줄 수도 없다. 절대 조급하게 생각하지 말고, 억지로 강요하려 들지도 말자.

　오히려 부모의 뜻대로 너무 말을 잘 듣는 아이가 있다면 의심해 보자. 하라는 대로만 하는 아이는 자기 결정 능력이 부족하고, 사회에 대한 적응력이 떨어질 수 있다. 그 말은 곧 그 아이가 자아 정체성이 부족하다는 의미이기도 하다.

　앞으로는 분명 자아 정체성이 뛰어난 사람들이 성공한다. 그러므로 지금부터 부모가 해야 할 일은 내 아이의 자아 정체성 확립이 다른 이유로 인해 늦어지고 있지는 않은지, 그리고 아이가 진정 원하는 것이 무엇인지, 끊임없이 그리고 시간을 두고 끈질기게 관찰하는 일이다.

부모 될 자격이
있는지 스스로 진단해 보라

● '사람은 누구나 제 밥그릇을 갖고 태어난다'는 말이 있다. 다양한 뜻으로 해석될 수 있겠지만, 소아정신과 의사로서 그리고 두 아이를 키우고 있는 엄마로서 참 마음에 안 드는 말이다. 일단 태어나기만 하면 어떻게든 커 가게 마련이라며 부모 된 사람들의 마음을 안이하게 만들기 때문이다.

하지만 이것만큼 위험한 발상은 없다. 육체적으로야 여자가 초경을 하고 남자가 몽정을 하면 아이를 가질 수 있는 조건이 되지만, 아이 입장에서 보았을 때 부모가 되려면 꼭 필요한 몇 가지 조건들이 있다. 그게 준비가 안 된 상태에서 아이를 갖게 되면 부모도 괴롭고 아이도 괴로운, 그런 불행한 상황이 반드시 찾아온다.

언젠가 첫아이를 낳아 기르고 있는 딸과 그녀의 친정 엄마가 함께 진료실을 찾은 적이 있다. 20대 중반의 앳된 얼굴을 한 아기 엄마는 척 보기에도 어딘지 모르게 불안해 보였다. 사연인즉슨 이제 막 돌을 지난 아이가 무척 까다롭고 신경질적이어서 엄마를 너무 힘들게 한다는 것이었다.

그런데 이 모든 정황을 친정 엄마가 설명하고 정작 아이를 낳아 기르는 딸은 옆에서 꿀 먹은 벙어리처럼 가만히 앉아만 있었다. '나는 아무것도 몰라요' 하는 순진한 표정으로 말이다. 내가 보기에는 아이 기르는 문제로 정작 힘든 사람은 친정 엄마이지, 그 딸이 아닌 듯했다. 몇 가지 질문을 통해 알아본 결과 그녀는 어쩌다 임신을 해서 아기를 낳긴 했지만, 정신적 성숙도는 아직까지도 사춘기에 머물러 있었다. 아이 엄마와 마주하고 있는 것이 아니라, 마치 감성이 풍부한 여고생과 이야기를 나누는 듯한 느낌마저 들었다. 그녀는 친정 엄마의 보호(?)로 그럭저럭 살아가고는 있지만 아이 엄마로서의 자각은커녕, 결혼 생활에 대한 적응조차 제대로 되지 않은 상태였다.

'이런 엄마의 아이에게 문제가 생긴 것은 당연하다'고 하면 너무 심한 말일까. 하지만 그것이 현실이다. 엄마가 부모로서 꼭 갖춰야 할 것들을 제대로 갖추지 못한 결과 아이만 억울하게 희생양이 되는 것이다. 본인들 스스로는 깨닫지 못하고 있지만, 나는 진료실에서 이처럼 정신적으로는 아직 미혼이나 다름없는 부모들을 너무나 많이 만난다. 그들은 한 사람의 인간으로서는 별로 모자란 게 없는데 아이 기르는 데 있어서는 무언가 불안정한 경우가 대부분이다.

그들을 마주할 때마다 나는 부모 자격시험이라도 있으면 어떨까 하는 생각이 간절하다. 아이 낳기 전에 한 번쯤 스스로 부모 될 자격이 있는지 돌아볼 기회가 있다면 적어도 아이를 낳은 후에 너무 서둘러 낳았다고 후회하거나, 육아 과정에서 갈등을 겪는 일은 없을 것이다.

부모 됨의 척도는 자기에게 주어진 상황에 따라, 그리고 개인의 가치관에 따라 기준이 다르게 마련이다. 하지만 공통적으로 '이것만은 반드시 갖춰야 할 것'들이 있다.

1. 결혼 생활에 제대로 적응하고 있어야 한다

30여 년 이상 다른 생활을 해 온 두 사람이 만나 함께 삶을 꾸려 간다는 것은 생각만큼 쉬운 일이 아니다. 더구나 아내 입장에서는 시댁이라는 새로운 집단이 어떤 형태로든 결혼 생활의 한 축으로 자리 잡게 마련이다. 상황이 이렇다 보면 사소한 가사일부터 시작해서 경제적 문제는 물론, 집안의 대소사까지 새롭게 적응해야 할 부분이 한두 가지가 아니다. 그나마 가정적인 남편을 만나 도움을 얻을 수 있다면 다행이지만, 그렇지 않다면 아이를 기르는 문제에 앞서 엄마 자신은 물론 아이에게도 편안한 환경이 되도록 주위 상황부터 안정시켜야만 한다.

첫아이가 더 기르기 힘들다는 게 다 이 때문이다. 대부분 결혼 생활에 채 적응하기도 전에 첫아이를 낳아 기르는데, 이렇게 되면 육아는 엄마에게 부담으로 다가설 수밖에 없다. 극단적인 예로, 하다못해 부엌에 들어가는 일조차 익숙하지 않은 엄마가 어떻게 아이에게 먹일 이유식 준비를 하겠는가.

우선 남편과의 관계가 원만한가부터 짚어 보자. 둘이서 한 잠자리에 드는 일 등 아주 사소한 것부터 하나하나 따져 보면 남편과의 공동생활에 대한 적응도가 어느 정도인지 알 수 있다. 남편이 집안일에 어느 정도 협조적인가도 반드시 짚고 넘어가야 할 문제다. 이는 전업주부의 경우에도 마찬가지다. 직장을 갖지 않은 여성은 응당 집안일과 육아를 제대로 병행할 수 있다는 통상적인 생각은 버려야 한다. 겪어 본 사람은 그것이 생각대로 되지 않는다는 것을 잘 알고 있을 것이다.

경제적 여건도 중요하다. '분유값, 기저귀값'이라는 말이 괜히 나온 말이 아니다. 그런 기본적인 것을 차치하고라도 일단 아이가 생기고 나면 이것저것 해 주고 싶은 것들이 생긴다. 이때 엄마로서 가지게 되는 그런 자연스러운 마음이 경제적인 여건 탓에 지나치게 억눌러지게 되면 이 또한 엄마에게 스트레스로 작용하게 된다.

시댁과의 관계도 무시할 수 없다. 상담을 받으러 온 사람 중에 결혼을 하자마자 바로 임신을 한 엄마가 있었다. 계획하지 않았던 임신 때문에 당황하던 차에 시어머니가 중풍으로 앓아눕는 상황이 벌어졌다. 시어머니의 병 수발을 들면서, 가사는 물론 뱃속의 아이까지 신경 써야 했던 그녀는 정신적으로나 신체적으로 너무나 지쳐 버렸다.

물론 그녀가 모든 것을 떠안을 수밖에 없는 상황이었을 수도 있지만 이미 뱃속에서 자라고 있는 아이를 생각한다면 최소한 다른 방법을 모색해야 했다. 시댁과의 관계가 처음부터 이런 식이라면 아이가 태어난 후에도 여러 가지 어려움이 따를 것이다.

2. 아이에 대한 기본적인 이해가 있어야 한다

오랜 기간 치료를 받았던 아이가 있었다. 영어 신동이라고 텔레비전에도 출연했던 아이였는데, 방송국에서 의뢰하여 지능 평가를 하게 되었다. 그런데 테스트에 임하는 아이의 눈빛이 두려움에 젖어 있었다. 그리고 시험이 끝난 후 결과에 연연해 하며 불안에 떨었다. 대부분의 3~4세 또래 아이들은 정답인지 아닌지 전혀 신경도 안 쓰는데, 이 아이는 너무 심하게 결과에 매달렸다.

엄마는 도대체 이유를 모르겠다며 울음을 터뜨렸지만 나중에 알고 보니, 그 엄마는 아이가 아주 어렸을 때부터 시간을 정해 두고 억지로 영어 공부를 시켰다. 아이가 제대로 따라 하지 못할 경우에는 혹독하게 야단을 쳤다고 한다. 엄마가 전해 주는 사랑을 느끼고 이를 바탕으로 세상에 대한 신뢰를 쌓아야 할 무렵에 사고력(참고로 사고력은 서너 살 무렵에 형성된다)을 요하는 학습을 무리하게 강요받은 나머지 마음의 병을 얻게 된 것이다.

물론 그 엄마의 마음을 이해 못 하는 것은 아니다. 그녀는 누구보다 자신의 아이를 사랑하고 있었고, 잘 자라기를 바라고 있었다. 그러나 그녀에게는 열정만 있을 뿐, 아이에 대한 이해가 부족했다. 사랑이나 열정만으로 아이를 제대로 키울 수 있다면 부모 노릇이 왜 힘들겠는가. 엄마들에게 늘 강조하는 바이지만 아이들의 모든 행동에는 이유가 있다. 그것이 본능적인 것이든, 의도된 것이든 간에 그 행동을 돌출시키는 이유가 있는 것이다. 그것은 아이로서는 어쩔 수 없는 생존욕의 표현이며, 같은 행동을 하더라도 그 이유는 제각각이다.

한 예로 아이의 가장 흔한 버릇 중에 손가락을 빠는 습관이 있다. 잡지나 육아 서적에서 가장 많이 다루는 것 중 하나인데 그 답이 천편일률적이다. 손가락을 빨면 나중에 치아가 미워지는 등의 문제가 생기므로 이를 어릴 때부터 고쳐 줘야 한다는 것이다. 물론 손가락을 빠는 행위가 치아 형성에 좋지 않다는 것은 맞는 말이다. 그래서 아이의 그런 버릇을 바로잡아 줘야 한다는 것 역시 틀린 말은 아니다. 그러나 그 공식이 모든 아이들에게 적용될 수는 없다.

손가락을 빠는 행위는 아이가 무언가 내적인 조절이 되지 않았을 때, 나름의 해소책으로 내놓는 경우가 많다. 즉 해소되지 않은 불만을 나름대로 견디는 것이다. 그러나 부모들은 절대 그것을 용납하지 않는다. 정 신경이 쓰인다면 행여 아이에게 다른 부족한 것이 있는지 알아보고 아이를 달랠 방법을 모색해야 하는데, 오로지 이가 밉게 난다는 사실 하나에만 매달려 아이 손가락만 뚫어져라 지켜보곤 한다.

한편 아이들 중 유난히 밥 먹이기가 힘든 아이들이 있다. 우리 큰아이도 예외는 아니어서 한번 밥을 먹이려면 한바탕 전쟁을 치르곤 했다. 처음에는 억지로 먹이려고도 했고, 말 안 듣는 아이에게 으름장을 늘어놓기도 했다. 그러나 그런다고 해서 상황이 달라지는 것은 아니었다. 아이는 여전히 먹지 않았고 그럴수록 나는 걱정만 늘어갔다.

그러던 어느 날 아이를 야단치는 대신 아이가 좋아할 만한 것이 무엇인지, 어느 때 음식을 거부하는지, 여러 가지 음식을 줘 가며 아이의 뜻에 맞추기 시작했다. 그렇게 계속 반복하다 보니 나름대로 이유를 알게 되었는데, 우리 아이의 경우는 유난히 촉각이 예민한 것이 그 이유였다. 혀끝에 느껴지는 반찬의 오돌토돌한 느낌이나, 밥 특유의 찐득찐득한 감이 싫었던 것이다.

이런 경우는 엄마가 용납하고 안 하고의 문제가 아니다. 아이로서도 어쩔 수 없는 문제이므로 이때는 엄마가 인내를 갖고 아이에게 맞춰 주면서 해결점을 찾아야만 한다. 아이의 행동을 무조건 저지하고 책에 나와 있는 방법만 따라 하다 보면 아이의 나쁜 버릇이 더 심해질 뿐이다.

아이를 달래 가며 이것저것 시도를 해 본 끝에 나는 아이가 참기름만큼은 그런 대로 잘 받아먹는다는 사실을 알게 되었다. 그래서 김치 하나라도 참기름에 묻혀 먹이게 되었고, 그 방법을 알게 된 후 나의 '밥 먹이기' 전쟁은 어느 정도 수월해졌다.

그리고 그로 인해 우리 아이가 가진 문제의 상당 부분이 아이의 예민한 감각에서 비롯된다는 것도 알게 되었다. 큰아이는 유독 새것을 싫어했다. 장난감은 물론 입는 옷에서부터 신발까지 새로운 것을 사다 주면 집어던지기가 일쑤였다. 한번은 할아버지가 큰맘 먹고 사다 준 외제 인형을 보고 자지러질 듯 울음을 터뜨리는 통에 난감했던 적도 있다.

처음에는 밥 먹이는 일처럼 고민거리였지만, 그것이 아이의 예민함에서 비롯된다는 것을 알고 나서 나는 억지로 새 옷을 입히거나 장난감을 주기보다는 아이가 그것과 친숙해질 시간을 주는 방법을 택했다. 새 옷을 사 오면 아이 장난감 사이에 일주일씩 놓아둔다거나, 새 신발을 눈에 띄는 곳에 두고 아이가 관심을 가질 때까지 기다리는 식이었다. 물론 그 방법들은 효과가 있었다.

가슴으로만 아이를 이해하려 해서는 안 된다. 이성적으로 아이의 성장 과정에 대한 깊은 이해가 있어야 하며, 끊임없이 아이를 관찰하고 그 특성을 파악해야 한다.

아이의 입장에서 볼 때 어린 시절에 가장 중요한 것은 세상에 대한 신뢰감을 형성하는 일이다. 이는 기본적인 욕구가 충족될 때 비로소 이루어진다. 쉽게 말해 배고플 때 젖을 먹고, 소화를 잘 시키며, 배설을 제대로 하는 등의 생물학적인 요구가 제대로 조절되면 아이는 '나는 사랑받고 있다', '세상은 참 편안한 곳이다'라고 느끼게 되고 그것이 축적되어 세상에 대한 신뢰감을 형성하는 것이다.

차분히 앉아 과연 내가 아이를 어떻게 대하고 있는지 살펴보자. 가슴 안의 열정만으로 아이를 다그치거나 혹사시키고 있다면 지금 당장 아이에 대해 공부하고 이해하라. 그것이 진정 아이를 위하는 엄마의 태도이다.

3. 이타심이 있는가 점검하라

결혼 생활에 대한 적응 여부, 아이에 대한 이해도와 함께 생각해 봐야 할 것은 정신적 성숙도, 즉 아이에 대한 이타심利他心이다. '나를 버리고 아이를 위해 희생할 수 있는가' 하는 점은 무척 중요하다. 시대에 뒤떨어지는 이야기라 비난할지 모르지만, 단언컨대 아이 기르는 일은 적지 않은 헌신을 요하는 일이다. 아이를 정말 잘 키우고 싶다면 아이를 돌보는 일이 정말 기뻐야만 한다. 그러나 이 점을 제대로 갖추고 있지 못한 사람들이 너무도 많다.

특히 요새 들어서는 엄마 스스로 '아줌마'를 천시하고 기피하는 태도가 더욱 두드러지고 있다. 아이를 낳느라 몸매가 망가지고, 여성으로서의 매력이 떨어지는 것에 대해 너무나 민감하게 반응하는 것이다. 그러나 바꿔 생각하면 '아줌마 되기'는 한 생명을 기르기 위한 인간적인 성숙의 척도이다. 자연스러운 변화 앞에 갈등하지 말고, 아이에 대한 사랑으로 자신의 모습을 받아들이는 지혜도 때론 필요하다.

자기 성취적인 성향이 강했던 처녀 시절, 나 역시 외적인 치장에 신경을 많이 썼던 때가 있었다. 첫아이를 낳고서도 버리지 못했던 그런 성향이 완전히 없어진 것은 둘째를 낳은 후부터였다. 억지로 그랬다기보다 아이에 대한 사랑이 커져 가면서 자연스럽게 변화되었던 것 같다. 불필요한 자기애적인 성향이 사라진 지금, 오히려 쓸데없는 집착에서 벗어났다는 묘한 해방감을 느낀다. 또한 그만큼 아이에 대한 관심이 더 커진 것도 사실이다.

아이에 대한 이타심은 한순간에 생기는 것이 절대 아니다. 아이를 위해 헌신하는 마음이 생기려면 부모 스스로 아이를 간절히 원해야만 한다. 감정은 저절로 생기는 거라고 말하지만, 노력에 따라서 커지기도 작아지기도 한다. 주변의 아이 잘 기르는 엄마를 보면서, 그리고 내 아이를 보면서 자식을 향한 사랑을 끊임없이 깨닫고 가꾸어 가야만 한다.

육아에 있어 연습이란 없다. '내 아이에게 무언가 잘못했구나' 깨달았다고 해도 그것을 되돌릴 수는 없다. 다만 최선을 다해 잘못된 상황을 추스르고, 아이가 받았을 상처를 보듬어 안아 줄 수 있을 따름이다. 가장 좋은 것은 추슬러야 할 그런 상황을 애초에 만들지 않는 것이다. 그렇기 때문에 내가 과연 부모 될 자격과 여건을 갖추고 있는지 따져 보는 일은 너무나 중요하다.

아이 때문에 속상하다고 말하기 전에 그리고 잘 키워 보겠다고 다짐하기 전에, 먼저 부모로서 나는 얼마나 준비를 해 왔는지 그리고 어느 정도 아이를 위한 환경을 만들어 놓고 있는지 스스로 진단해 보자.

아이 기르는 데
느림은 선택이 아닌 필수다

● 갑자기 얌전하던 아이가 동생을 심하게 때린다. 밤에 잠도 안 자고 칭얼거리는데 갈수록 정도가 심해진다. 이유 없이 갖고 놀던 장난감을 잘기잘기 물어뜯는다. 그러면 당신은 그 아이를 어떻게 생각하겠는가. 아마도 이 땅의 엄마라면 열의 아홉은 '혹시 내 아이에게 문제가 있는 것은 아닐까?' 걱정할 것이다. 아이의 이상 행동에 대해 민감하지 않을 부모가 어디 있겠는가.

나는 그렇게 아이를 걱정하는 엄마들에게 항상 강조하면서 먼저 일러두는 말이 있다.

"아이마다 발달 정도가 다르다. 모든 아이들에게 통용되는 획일적 연령별 지침이란 있을 수 없다. 그러므로 섣부르게 '정상인가, 문제가 있는가'라는 잣대를 들이대지 말라."

물론 보통 아이들보다 키우기 어려운 아이들이 있다. 진짜 정신적인 문제를 가진 아이도 있다는 얘기다. 하지만 나는 확신한다. 타고난 바탕이 조금 어려운 아이라도 엄마나 아빠의 성격, 집안 분위기, 경제적 여건 등 성장 환경이 좋으면 그것이 병으로까지 치닫지 않는다. 이를 뒤집어 이야기하면, 타고난 바탕이 좋더라도 환경이 나쁘면 문제 행동을 일으킬 수 있다는 얘기다. 이것은 아이의 행동이나 발달을 이해할 때 굉장히 중요한 문제다.

환자들 중에 '주의력결핍 과잉행동장애(ADHD)'라고 하여 집중력에 장애를 보이는 아이들이 있다. 그런데 이런 아이들 중 굉장히 너그럽고 아이를 잘 다루는 엄마를 만난 아이는 학교에 들어갈 때까지 별 탈 없이 자란다. 별나게 굴어도 잘 길렀기 때문에 오히려 학교에서 선생님들이 놀라는 경우가 있다. 그러나 매사 신경질적이고 조급하며 화를 잘 내는 엄마를 만나면 그 아이의 병은 어릴 때부터 심각해진다.

한 예로 말이 좀 늦는 아이가 있다고 하자. 예전 같으면 그런 것이 병으로까지 발전하지는 않는다. 하지만 요즘에는 유치원에 일찍 보내기 때문에 아이가 말을 좀 못하면 친구들에게 '왕따'를 당하게 되고, 그러다 보면 그것이 심각한 병으로까지 발전하는 사례가 부쩍 늘고 있다.

그럼에도 나는 집안 분위기가 편안하고 엄마가 아이 교육을 잘 시키는 경우에는 전문적 치료를 서둘러 받게 하지는 않는다. 이에 비해 말이 조금 늦으면서 부모도 같이 말이 없고, 자극도 안 주고, 말 못한다고 혼내는 그런 분위기라면 적극적으로 치료를 권유한다.

이처럼 내 아이가 제대로 크고 있나, 문제가 있나 판단할 때는 아이 자체만 두고 판단할 것이 아니라 아이를 둘러싼 여러 가지 여건들을 함께 고려해야 한다. 그리고 또 한 가지, 아이마다 발달 속도가 다르다는 사실을 인식하고 있어야 한다. 매 순간마다 "옆집 애는 말을 몇 마디라도 하는데 이놈은 왜 이렇게 말이 늦을까" 걱정하고, "옆집 애는 한글도 뗐다는데 애는 왜 한글에는 관심이 없고 장난감이나 만지고 있을까" 고민하지 말라는 말이다.

그렇다면 내 아이에게 문제가 있고 없고를 엄마는 어떻게 알 수 있을까. 나는 엄마들에게 'Smiling on happy face'라는 표현을 곧잘 쓰곤 한다. 행복한 표정, 웃는 얼굴을 전반적으로 많이 유지하고 있으면 그 아이는 문제가 없다는 뜻이다.

그러므로 아이를 보면서 발달의 어느 한 부분만 가지고 너무 집착하지 말라. 괜한 걱정이 정상적인 아이를 망칠 수 있다는 사실을 염두에 두란 이야기다.

그러다가 아이가 남보다 뒤처지거나 시기를 놓치면 어떡하냐고 되묻는 엄마들이 있다. 결론부터 말하자면 그건 아이 성장의 비밀을 모르기 때문에 하는 소리다.

대개 엄마들은 아이의 성장이 노력한 만큼 꾸준하고 지속적으로 발전하는 이른바 사선(/) 형태라고 생각한다. 그러나 실제로는 그렇지 않다. 아이는 계속된 기다림과 자극 속에 어느 순간 갑자기 확 변하는 계단 형태(⌐)의 발전을 보인다. 암만 노력을 해도 일정 기간 동안은 똑같이 보이다가 어느 순간에 '탁' 하고 발전하는 것이다.

그리고 한 가지 덧붙이자면 엄마들이 흔히 알고 있는 것과 달리 인간의 뇌는 사춘기까지 끊이지 않고 변화, 발전한다. 뇌의 발전이 극대화될 때까지 그 과정에서 무수한 변수들이 작용한다. 그런데 조급한 마음에 이것저것 들이밀고, 학교 공부를 따라가라고 윽박지르면 계단식 발전을 하는 아이의 성장에 문제가 생길 수도 있다.

그래서 내가 항상 강조하는 부분이 "육아의 끝은 마지막이 되어야만 그 결과를 알 수 있다"는 것이다. 씨앗 상태에서는 그 꽃이 어떤 모양을 하고 있을지 아무도 모른다. 뿌리를 내리고, 줄기와 이파리들이 자라 봉오리를 맺고 난 이후 꽃이 피어서야 그것이 어떤 이름과 향과 모양을 갖추고 있는지 알게 된다. 이런 이유로 내가 잠재력과 관련하여 자주 하는 말이 '타임 테이블Time table'이다. "어릴 땐 똑똑했는데 커서는 안 그렇다" 혹은 "어릴 땐 말도 제대로 못했는데 이젠 무엇이든 남들보다 빠르다"는 말을 흔히들 한다. 이렇듯 아이가 부모의 기대나 예상대로 되는 예는 거의 없다. 뇌의 성장이나 아이를 둘러싼 여건, 타고난 아이의 기질에 따라 그 잠재력은 누구도 예측할 수 없는 사이 언젠가 발현된다는 말이다.

그러므로 부모가 할 수 있는 일은 내 아이의 '타임 테이블'을 믿고 방해 요소를 제거해 주는 일이다. 즉 아이의 긍정적인 자아상이 침해받지 않도록, 자신감이 없어지지 않도록, 세상에 대한 신뢰를 잃지 않도록 지켜 줄 따름이라는 것이다.

큰아이가 유치원에 다닐 때의 일이었다. 당시 큰아이는 겨울 내내 입었던 내복을 여름이 다 될 때까지 입고 있을 정도로 굉장히 변화를 싫어했다. 남들은 모두 반바지 차림으로 다니는데 더 이상 긴 바지를 입힐 수 없어 아이더러 옷을 벗게 했더니 울며불며 난리가 났다. 결국 반바지 안에 내복을 입는 것으로 타협을 본 아이는 하루를 그렇게 다니다가 친구들의 놀림이 싫었는지 마침내 내복을 벗었다.

지금도 큰아이는 변화에 대한 저항이 심한 편이다. 하지만 나는 걱정하지 않는다. 아이가 긍정적인 자아상을 갖고 이를 바탕으로 자신의 잠재된 능력을 찾을 때까지 기다릴 것이다. 물론 그것은 아이에게 문제가 있음을 부정하는 것은 아니며, 단순한 방관도 아니다. 끊임없이 지켜보면서 그때그때 자극을 주고, 그것이 잘 안 되면 아이와 통할 수 있는 다른 코드를 찾되 조급하게 서두르지 않겠다는 의미다.

아이를 사립학교에 보내려다가 말았던 것도 다 그런 이유 때문이다. 소위 말하는 잘난 아이들 틈에서 공부만을 재촉 받으며 자란다면 빨리빨리 환경에 적응 못하는 아이가 얼마나 상처를 받겠는가.

물론 둘째는 다르다. 둘째는 형과 달리 주체성이 강하고 남의 생각을 수용하고 자기 것으로 소화하는 능력도 뛰어나다. 게다가 무엇이든 호기심을 갖고 배우려는 기질이 탁월하다. 어느 날인가는 초등학교에 다니는 형에게 영어 동화책을 읽어 주는 엄마를 보고 자기도 읽어 달라고 졸라대더니 그 영어 문장을 그대로 외워 버렸다. 그런 적극적 기질은 타고나는 것이다. 이런 경우라면 그에 맞게 아이의 지적 호기심과 성취욕이 채워지도록 끊임없이 밀어주고 격려하는 작업이 필요하다. 중요한 것은 그것이 지나쳐서 아이에게 무리가 가는 일이 없도록 그 수위를 조절하는 일이다.

 언뜻 보면 두 아이를 기르는 모습이 너무나 상반된 것 같지만 아이의 모습에 맞추어 물 흐르는 대로 맞추어 간다는 점에서는 일맥상통한다. 아이의 성장 흐름을 거스르지 않는다는 것이다. 지금은 둘째가 첫째보다 뛰어난 면이 많지만 나중에 누가 더 잘 될지는 아무도 모르는 일이다. 그들의 성장 흐름이 다르기 때문이다. 큰아이의 잠재력이 조만간 그 모습을 드러내 둘째보다 더 앞서 나갈지 누가 알겠는가.

 그러므로 아이를 제대로 키우고 싶은 부모들이 갖추어야 할 가장 큰 덕목은 서두르지 않고 기다릴 줄 아는 지혜다.

 일본의 도쿠가와 이에야스는 말했다.

 "사람의 일생은 무거운 짐을 짊어지고 먼 길을 걸어가는 것과 같기 때문에 절대로 서두르면 안 된다."

라다크의 육아법에서
배워야만 할 것들

● 미국의 유치원, 유아원은 할머니 선생님이 대부분이다. 우리네 유치원처럼 생기발랄한 선생님은 찾아보기 힘들 정도다. 미국에서는 유치원 교사를 채용할 때 아이를 길러 본 경험이 있는 사람을 우선적으로 채용한다. 아이를 키워 본 사람이라야 아이들에 대해 잘 알고, 또 어떻게 다루어야 하는지도 잘 알기 때문이다. 자식은 물론 손주까지 길러 본 경험이 있는 할머니들은 아이들을 대할 때도 손주를 대하듯 사랑으로 대하는데, 아이들도 이런 선생님을 잘 따른다.

정규 학교 교육의 첫 관문인 유치원 생활이 재미있고 성공적이기 위해서는 누구보다도 아이들을 잘 아는 엄마 같은 선생님, 할머니 같은 선생님이 필요하다는 것이다. 모든 것을 합리성을 중심으로 생각하는 나라, 미국다운 사고가 아닐 수 없다.

하지만 우리나라는 어떤가. 어느 집안에서나 흔히 볼 수 있는 풍경.

"아이 다그치지 말고 내버려 둬라." "엄마도 참, 남들도 다 이 정도는 해요. 우리 애만 뒤처지는 꼴 보고 싶으세요?"

우리는 종종 버려야 할 옛것과 소중히 이어가야 할 옛것을 구분하지 못하곤 한다. 즉 옛것은 무조건 버려야 할 낡고 쓸모없는 비과학적인 것으로 취급하는 것이다. 그리고 새로운 것들을 하루 빨리 흡수해야 할 것만 같은 강박감에 휩싸인다. 속도 지상주의로부터 자유로운 현대인은 거의 없다. 그런 현대인들에게 게으름과 느림은 치명적이다. '나는 바쁘다. 고로 존재한다'가 바로 현대인의 명제이기 때문이다.

물론 어느 날 갑자기 새로운 기술이 등장해 사람들에게 사용을 강요하며, 사용하지 않는 사람들을 곤란하게 만든다. 누구나 스마트폰을 쓰지 않을 권리, 자동차를 타지 않을 권리, 인터넷을 사용하지 않을 권리를 가지고 있다. 그러나 그럴 경우 그는 사회 속에서 고립되어도 좋다는 '용기(?)'를 가지고 있어야만 한다. 결국 좋든 싫든 반사회적 인간이 되지 않으려면 새롭게 나오는 기술들을 익힐 수밖에 없다. 게다가 한국인의 '빨리빨리'란 조급증은 "저것이 정말 필요한 것인가"라는 질문을 던져 보기도 전에 무조건 새로운 것을 받아들일 것을 종용한다.

육아도 마찬가지다. 최근 들어 병원을 찾아오는 아이와 그 엄마들을 만나 보면 아이에게 일찍 홀로 설 것을 무리하게 강요하는 경우가 늘고 있다. 그리고 더 나아가 무엇이든 '빠르게'를 강요하기도 한다. 하지만 나는 그 속에 정말 아이들에게 필요한 것을 찾아서 주겠다는 마음보다, 남들도 하는데 뒤처질 수는 없다는 강박증이 더 큰 것은 아닌지 우려된다.

우리가 정작 고민해야 할 부분은 과연 아이들이 필요로 하는 것이 무엇인가 하는 것이다. 그런 의미에서 나는 오히려 그네들이 고리타분하다고 생각하는 전통 육아법에서 정말 아이들에게 필요한 것을 발견하곤 한다.

어린 시절에 무엇보다 우선시되어야 하는 것은 정서적 안정이다. 특히 3~4세 이하의 영유아들에게는 부모와의 정서적인 접촉이 인격 형성에 절대적인 영향을 미친다. 너무 빨리 부모 품에서 떨어질 때 아이가 느끼는 상실감과 불안은 그 어느 것으로도 충족될 수 없다. 미국 캘리포니아 대학의 교육학 교수인 레오 부스카글리아도 성장기 아이들에게 정말 필요한 것은 지적인 교육이 아니라 감성적인 교육이라고 강조하면서, "가족과 친구와 동료들과 매일 포옹하는 것이 좋다"고 말했다.

과거 우리 할머니들이 아이를 키웠던 모습을 떠올려 보자. 할머니들 입에서 가장 많이 나왔던 말은 "금쪽같은 내 새끼!"였다. 아이가 스스로 밥을 먹을 수 있을 만큼 자라도 할머니들은 입으로 꼭꼭 씹어 그걸 아이에게 먹였다.

그뿐인가. 대소변을 못 가린다고 타박하는 예도 없었다. 아이가 뛰놀다 그대로 볼일을 보아도 마당 한 켠 우물가에서 아랫도리를 씻기며 그저 엉덩이만 두드려 줄 따름이었다.

밤에 잠을 잘 때도 그렇다. 한 이불 안에서 팔베개를 해 주고 함께 누워 있다가 아이가 잠들 때까지 나지막한 목소리로 자장가를 들려준다. 혹시나 다 큰 아이가 무섭다고 할머니 방을 찾더라도 절대 내치는 법없이 품에 꼭 안고 다독거려 준다.

 그러나 무엇보다 유심히 들여다보게 되는 것은, 아이가 다른 아이들보다 조금 늦거나 버릇 나쁜 구석이 보여도 절대 서두르는 법이 없다는 것이다. 할머니들은 행여나 그런 아이를 보고 누가 다그치기라도 하면 애가 기죽어 안 된다며 방패막이가 되어 주곤 했다. 모든 것을 아이에게 맞춰 주면서 그저 느긋한 마음으로 넘쳐나는 사랑을 전하던 것이 그분들의 모습이다.

 전통적인 생활 방식을 그대로 고수해 온 라다크(편집자 주: '작은 티베트'라고 불리는 서부 히말라야 고원에 자리한 아름다운 고장)에서는 누구도 아이들에게 화를 내지 않는다. 헬레나 노르베리 호지는 『오래된 미래－라다크로부터 배운다』에서 아이가 책을 찢고, 쉬지 않고 끊임없이 "이게 뭐야!"라고 귀찮게 해도 화를 내지 않는 것이 라다크 사람이라고 말했다. 그만큼 라다크의 아이들은 주위의 모든 사람에게서 무제한의 조건 없는 사랑을 받는다. 그것을 보고 아이들 버릇을 버려 놓는다고 말하는 사람도 있겠지만 그것은 기우에 불과하다. 라다크의 아이들은 오히려 아주 일찍, 즉 다섯 살 정도가 되면 등에 어린 아기를 업고 다니는 등 다른 사람에 대해 책임을 질 줄 알게 된다. 그것은 곧 충분한 사랑을 받은 아이들이 더 빨리 자유롭고 독립적으로 성장하는 것을 뜻한다.

 헬레나 노르베리 호지는 말한다. "이제 나는 대가족과 친밀한 작은 공동체야말로 성숙하고 균형 잡힌 개인들을 만들어 내는 보다 나은 기초가 된다고 믿는다. 건강한 사회란 각 개인에게 무조건적인 정서적 지지의 그물을 제공하면서, 긴밀한 사회적 유대와 상호 의존을 권장하는 사회이다. 이러한 틀 안에서 개인들은 아주 자유롭고 독립적으로 될 수 있을 만큼 충분한 안정감을 느낀다."

과거 우리 선조들의 모습과 라다크의 예에서 볼 수 있는 공통적인 육아 원칙은, 아이에게 무언가를 강요하고 가르치기보다 마음껏 자신의 욕구를 펼칠 수 있도록 가만히 놔둔다는 것이다. 그 속에 조급함이란 전혀 찾아볼 수 없다. 그저 아이에 대한 절대적인 사랑과 믿음이 있을 따름이다.

나는 전통이 오랜 세월 동안 검증되어 온 것이라고 생각한다. 그렇게 생각해 볼 때 앞에서 부모에게 필요한 것은 '기다림의 지혜'라고 했는데, 그것은 아이에 대한 절대적인 사랑과 믿음을 필요로 한다는 것을 알 수 있다.

지금 만약 아이에게 무언가를 가르치려고 한다면 잠시 멈추고 생각해 보라. 내가 혹시 아이에 대한 사랑과 믿음이 부족해서가 아닌지. 그래서 기다리지 못하고 서두르는 것은 아닌지. 그래서 아이를 어긋나게 만들고 있는 것은 아닌지.

'느리게 키우기'에 대한 잘못된 오해

● 외동아이를 키운다는 한 젊은 엄마가 아이가 갑자기 이상해졌다며 나를 찾아왔다.

"선생님, 아이가 갑자기 바보가 될 수도 있나요?"

너무나 황당한 질문에 나도 모르게 웃음이 나왔다. 하지만 아이 엄마 표정을 보니 딴에는 정말 심각한 모양이었다. 이야기를 들어 보니 평소엔 안 그러던 아이가 갑자기 똥을 지리고 오줌도 잘 못 가린단다. 처음 한두 번은 실수려니 했는데, 갈수록 정도가 심해졌다고 했다.

다른 아이보다 늘 한 걸음씩 빠른 발달을 보였다는 그 아이는 겉보기에는 큰 이상이 없어 보였다. 놀기도 잘 놀고, 묻는 말에 대꾸도 곧잘 했다.

도대체 이유가 뭘까. 엄마 말을 들어 보니 미국에 사는 시누이가 일주일 정도 집에 다녀간 후부터 아이가 이상해졌다고 했다.

"혹시 시누이가 아이를 데리고 왔었나요?"

예상대로 시누이에게 또래 아이가 있었다.

나는 그 엄마에게 일주일 정도 실컷 아이를 데리고 놀라고 일러 주었다. 그냥 잘 놀아 주는 정도가 아니라 놀이공원에 데려가거나, 큰맘 먹고 아이가 좋아하는 장난감을 사 주거나 해서, 아이에게 평소와는 다른 애정을 보여 주라는 게 내 처방이었다. 그러면서 아이가 퇴행 현상을 일으켜도 무조건 감싸 안아 주라고 했다.

그로부터 채 일주일이 지나지 않아 아이 엄마로부터 반가운 전화가 왔다.

"선생님 말대로 했더니 아이가 너무 좋아졌어요. 그것뿐만 아니라 전에 갖고 있던 나쁜 버릇들도 싹 없어졌어요."

성장기에 있는 아이들은 부모도 모르는 사이 일시적으로 스트레스를 받을 때가 있다. 선천적으로 병을 안고 태어나서일 수도 있고, 어떤 경우는 엄마가 아파서, 혹은 집안에 일이 있어 엄마가 일시적으로나마 아이를 제대로 돌보지 못해 그럴 수도 있다.

이 아이의 경우도 그랬다. 오랜만에 본 조카에게 신경을 많이 쓰는 엄마를 보고 아이는 엄마의 애정을 다른 사람에게 빼앗겼다고 느꼈다. 그것이 결국 똥오줌도 제대로 못 가리는 퇴행 현상으로 나타났던 것이다.

그러므로 아이가 좀 이상하다 싶으면 내가 요즘 아이에게 소홀하진 않았는지, 혹시 아이가 스트레스를 받을 만큼 환경이 변하지 않았는지 등등 작은 것부터 차근차근 원인을 짚어 볼 필요가 있다.

그러나 아이의 문제 행동이 너무나 길어질 때는 다시 한 번 생각해 봐야 한다. 약간 공격적이거나 산만한 경우는 크게 문제가 되지 않지만, 그것이 2~3개월 정도 지속되면 이미 엄마의 노력만으로는 해결을 볼 수 없는 상태다. 이럴 경우 대부분의 엄마들은 아이가 뭔가 이상하다는 걸 눈치 채기 마련이다. 하지만 전문가를 찾을 생각은 안 한다. '설마 우리 아이가……' 하는 안이한 생각도 있거니와 대부분 정신과를 정신적으로 심각한 문제를 가진 사람들만 가는 곳으로 생각하기 때문이다.

그런 엄마들을 이해 못 하는 건 아니다. 엄마가 무지해서라기보다 정신과라는 곳에 대해 편견을 갖게 만든 사회 분위기가 문제다. 그러나 정작 소아정신과에 오는 아이들을 보면 공부를 못하거나, 말이 늦거나, 산만하게 행동하는 등 보통 엄마들도 한두 번쯤은 고민하는 문제로 오는 아이들이 대부분이다.

하지만 이를 제대로 알지 못하는 엄마들은, 전문가를 찾아가려니 부담스럽고 가만있자니 불안한 생각이 들어 그냥 주위 사람들에게 물어본다. 그렇다고 똑 부러지는 대답을 듣는 것도 아니다. 대부분 듣는 얘기가 "그냥 내버려 둬. 나아질 거야" 정도다.

그런데 개인적으로 내가 제일 싫어하는 말이 바로 "애들은 다 그래. 원래 늦는 애들이 있어" 하는 식의 말이다. 처음에는 그 말이 맞을지도 모른다. 그러나 그것이 한두 달 계속되면 아이가 다치기 시작한다. 그 시기의 발달이 정상적으로 이루어지지 않고 정체가 되는 등의 문제가 생기는 것이다.

대표적인 경우가 언어 발달이다. 언어 발달은 아이의 성장 과정에 있어서 만 3세 전후가 무척 중요하다. 이 시기에 제대로 발달을 하지 못하면 말을 못하는 것으로 그치는 게 아니라 사회성, 대인 관계 등 여러 가지 문제가 도미노처럼 연속적으로 일어난다.

앞서 말한 바 있지만 발달에는 다 시기가 있다. 시기보다 너무 앞서서 아이를 가르치려 들어도 안 되지만 그 시기가 지나서 뒤늦게 허겁지겁 자극을 퍼붓는다 해도 그것이 발달로 이어지지는 않는다. 시기를 놓치면 영원히 안 되는 것도 있는 것이다.

언젠가 말이 좀 늦는 것 같다면서 여섯 살 된 아이를 데려온 엄마가 있었다. 유치원에 보내려고 하는데 말을 잘 못해 그만두었단다.

솔직하게 이런 엄마를 만나면 "저더러 어쩌라고요"라는 말이 목구멍까지 치밀어 오르곤 한다. 말이 늦는 아이를 데려오는 경우 십중팔구 이처럼 학령기가 다 되어서다. 학교 갈 때가 다 되었는데 아이가 입도 열지 못하니 고쳐 달라는 것이다.

좀 더 일찍, 문제가 나타난 초기에만 도와주었어도 그 나이가 될 때까지 몇 마디도 못하는 불상사는 없었을 것이다. 이럴 때는 별 수 없이 입학을 한두 해 늦출 수밖에 없다. 그대로 학교에 보냈을 경우 말만 못하는 것이 아니라 또래 친구나 선생님과의 관계가 매끄럽지 못해 정서적인 장애마저 일으킬 가능성이 높기 때문이다.

더욱 답답한 것은 이런 아이들의 아이큐를 검사해 보면 언어 발달을 제외하곤 다른 것은 대부분 정상이라는 점이다. 사회성 발달처럼 언어력과 관련된 부분만 제외하고는 적어도 평균치 정도는 된다. 수치로 따지면 전체적으로 110정도의 지능을 보이는데 언어 이해 정도나 어휘력만 채 80이 안 된다.

발달 면에 있어서 나는 "버스 지나가면 끝장"이라는 농담을 자주 한다. 어느 발달이건 시기가 있으며 그 시기에 맞춰 적절한 자극을 주었을 때 120퍼센트의 적응력을 보이며 발달이 이루어진다. 한번 시기를 놓치면 뇌가 이미 성숙해져 버리기 때문에 똑같은 자극을 아무리 주더라도 적절한 시기에 맞췄을 때만큼의 발달은 기대할 수 없다.

내가 정말 말하고 싶은 것은 아이의 발달 과정보다 앞서서, 그것도 인지적 측면만 강조하는 지금의 조기교육에도 문제가 있지만, 그렇다고 무작정 게으르고 안이하게 아이를 내버려 두어서는 절대 안 된다는 것이다. 그러므로 느리게 키우기는 결코 무심한 부모들이나 하는 육아법이 아니다. 오히려 아이를 정말 잘 이해하고 있는 현명한 부모들만이 할 수 있는 아주 어려운 육아법이다.

느리게 키운다는 것의
진짜 의미

: 원 스텝 비하인드, 원 스텝 어헤드

나는 개인적으로 조기교육이 무조건 나쁘다고만 주장하고 싶지는 않다. 어린 아이일수록 어른에 비해 여러 가지 학습 경험을 받아들이는 것이 훨씬 쉬우며, 그것이 시기 적절하게 이뤄질 때 큰 효과를 거둔다는 것을 애써 부인하고 싶지는 않다는 말이다.

문제는 조기교육 자체가 아니라 조기에 교육을 시키되 '어떻게' 해야 할 것인가에 대한 방법론이다.

흔히들 조기교육 하면 영유아용 교재나 학습지, 내지는 영재 교육 기관을 떠올린다. 초등학교나 유치원에서 시작할 학습을 어린 나이에 일찍 시작하여 남보다 빠른 발전을 이루는 것으로만 생각하는 것이다. 내가 만난 대부분의 엄마들은 조기교육에 대해 이런 생각을 갖고 있으며, 실제로 아이가 아주 어릴 때부터 영어나 한글을 가르치려 들곤 한다.

그러나 무조건 빨리 가르친다고 다 되는 게 아니다. 무언가를 학습하는 데 있어 영유아에게는 다른 연령대와 확연히 구별되는 그들만의 특징이 있기 때문에 이를 잘 활용해야 한다.

영유아기의 가장 두드러진 특징은 본능적으로 무언가를 탐색하려 든다는 것이다. 즉 아이들에게는 호기심 자체가 본능이며, 그렇기 때문에 무언가 새롭고 재미있는 것을 보면 무척 기뻐한다. 그리고 탐색하는 일 자체만으로 그들에게는 엄청난 학습이 된다. 주변의 새로운 것을 보고 만지는 그대로가 배움이 되는 것이다.

아이 눈 앞에 냄비 뚜껑 하나가 있다고 치자. 그걸 보며 아이는 '동글동글한 것이 참 희한하게도 생겼다. 엄마가 저걸 갖고 무언가를 덮는다. 왜 덮을까?' 하는 호기심을 기반으로 어른들은 상상하기 어려운 정보와 지식을 습득해 간다.

이런 영유아기의 특징을 바탕으로 제시된 교육 이론을 보면 크게 두 가지로 나뉜다. '원 스텝 비하인드 One step behind'와 '원 스텝 어헤드 One step ahead'가 그것이다.

원 스텝 비하인드 이론은 말 그대로 한 박자 늦게 대응하는 것을 말한다. 아이가 하는 대로 그저 지켜보다가 무언가 호기심을 보이면 그때 엄마가 살짝 밀어주기만 하면 된다는 것이다. 맞장구를 쳐 주는 정도로 이해하면 된다.

이에 반해 원 스텝 어헤드 이론은 아이보다 한 박자 앞서는 것을 말한다. 쉬운 예로 아이가 밥을 앞에 두고 "바바바바~" 할 때, 엄마가 옆에서 "밥!"하고 확실하게 말해 주는 것이다. 나는 이 두 가지 방법이 적절히 병행될 때 최고의 교육이 이루어진다고 생각한다.

다만 어느 순간에 원 스텝 비하인드를 할지, 원 스텝 어헤드를 할지 제대로 판단하는 것이 문제다. 아이가 최적의 학습 상태에 있는 순간을 놓치는 엄마가 있는 반면, 아이는 전혀 관심을 보이지 않는데도 성급하게 앞서 나가는 엄마들도 있다.

이 문제의 해답은 아이에 대한 엄마의 관심도가 어느 정도인가에 달려 있다. 평소 아이를 성심성의껏 돌보고 정성을 쏟은 엄마라면 그 순간을 놓치거나 앞서는 우를 범하지 않을 것이다.

자, 그렇다면 이 같은 사실을 기본으로 엄마들이 가장 많이 관심을 갖는 한글, 영어 등의 학습은 언제, 어떤 방법으로 시켜야 좋을까?

물론 아이마다 차이가 있겠지만 사고력을 요하는 학습은 4~5세가 되어야만 제대로 효과를 거둘 수 있다. 적어도 그 나이 정도가 돼야만 그런 학습을 소화할 수 있는 뇌의 대뇌피질 부분이 발달하기 때문이다.

돌만 되어도 아이에게 글자를 가르치려 드는 엄마들이 종종 있는데, 아이에게는 글자가 그저 단순한 동그라미나 막대기 정도로 인식될 따름이다. 물론 엄마의 강요에 따라 글자를 외워 읽을 수는 있을 것이다. 그러나 그것은 앵무새가 사람 말을 따라 하는 것과 크게 다르지 않다.

하지만 간혹 그런 인지적 측면에 빠른 발달을 보이는 아이도 있다. 그리고 유독 새로운 것에 호기심이 많고 탐구욕이 높은 아이의 경우 엄마가 억지로 시키지 않아도 글을 읽는 등 학습에 관심을 보이기도 한다. 만일 아이가 관심과 흥미를 보인다면 굳이 말릴 필요는 없다. 그러나 아이가 학습에 관심이 있는지 잘 모르겠거든 아이의 반응을 살피면 된다. 아이가 싫어하면 그 즉시 중단하면 된다는 말이다.

어느 날 여동생이 흥분한 목소리로 딸아이가 글자를 읽는다며 내게 전화를 했다. 아이가 자주 가는 지하철역의 이름 푯말을 보며 그 글자를 읽는다는 것이다. 처음엔 우연이겠거니 했는데 다른 곳에 가서도 그 글자가 나오면 정확히 읽어 낸다는 것이었다. 어떻게 이제 막 두 돌이 지난 아이가 글자를 읽을 수 있었을까.

아이가 푯말을 읽은 지하철역은 바로 외할머니 댁이 있는 곳이었다. 아이는 외할머니 댁에 가는 것을 평소 무척이나 좋아해 몇 번 가는 동안 그 지하철역의 이름을 듣고 기억하게 되었으며, 결국엔 푯말에 적힌 글자를 그 이름과 연관시켜 외운 것이다. 즉 아이가 글을 읽은 것은 순수한 의도와 관심 때문이었다.

그런데 한참을 흥분한 목소리로 떠들던 여동생은 "이제부터 본격적으로 한글을 가르치겠다"고 선언했다. 아이가 글을 읽은 과정에 대해 상세히 설명한 뒤, 억지로 시키는 교육은 전혀 효과가 없을 거라고 말해 줬지만 엄마 된 욕심에 여동생은 결국 말도 잘 못하는 딸을 앉혀 두고 한글을 가르치기 시작했다.

아니나 다를까. 얼마 지나지 않아 여동생으로부터 다시 연락이 왔다. 글자 카드를 손에 쥐어 주면 아이가 떼를 쓰며 집어던져 글 공부를 포기했다는 것이었다.

생각대로였지만, 혹시라도 그 과정에서 아이가 글을 배우는 것에 관심을 보였더라면 한번 시켜 보라고 말했을지도 모른다. 아이가 흥미를 갖고 즐기기만 한다면 그것은 일반 놀이와 별반 다를 것이 없기 때문이다.

친구의 아이 중에 베스킨라빈스Baskin-robbins 아이스크림을 너무나 좋아하는 아이가 있었다. 아이와 함께 자주 그 아이스크림 집에 가던 엄마는 무심코 베스킨라빈스의 첫 글자를 가리키며 "이건 B야"라고 말해 줬다고 한다. 아이는 엄마로부터 그 말을 듣는 순간 영문자 'B'를 외워 어디서든지 B를 보게 되면 소리 내어 읽곤 했다.

좋아하는 것과 연결된 학습은 이렇듯 확실한 의욕을 제공하게 되고 그렇게 배운 것은 결국 아이의 뇌에 또렷하게 각인된다.

그러나 강요된 조기교육은 학습 효과가 별로 없으며, 아이의 자신감을 떨어뜨리는 것은 물론, 학습 태도에 있어서도 매사 이해를 통해 사고하는 게 아니라 무조건 외우려 드는 습관만 들이게 한다. 결국 억지로 시키는 조기교육이란 생각 없는 아이로 자라게끔 만드는 지름길인 것이다.

경제적으로 유복한 환경에서 자란 아이가 있었다. 엄마와 아빠는 모두 소위 말하는 명문대 출신으로 유독 아이에 대한 교육열이 높았다. 엄마의 강요에 따라 네 살 되던 해부터 영어 유치원에 다니기 시작한 아이.

엄마 때문에 억지로 그곳에 다니기 시작한 아이는 얼마 지나지 않아 함께 공부하는 친구를 때리기 시작하더니 나중에는 유치원 문 앞에서 드러눕는 등 이상 행동을 보이기까지 했다.

걱정이 된 엄마는 인근의 아동 상담소에서 아이의 지능을 검사했다. 결과는 80. 또래 아이들에 비해 말도 늦는 편이었으나 엄마는 그 사실조차 모르고 있었다. 내가 측정한 검사 결과도 그리 다르지 않았다. 그러나 그 아이를 유심히 지켜본 결과 실제 지능과 측정된 결과가 다르다는 것을 알 수 있었다. 아이가 몰라서 틀린 게 아니라 테스트에 대한 부담으로 거부를 하기 때문에 지능 점수가 과소평가되어 나타난 것이었다. 무엇이 아이로 하여금 그런 검사 결과를 보이게 했을까.

아이는 영어 유치원에 다닐 때부터 그 공부가 너무나 하기 싫었다. 엄마나 선생님이 시키는 대로 억지로 영어를 외우기는 했으나 노력한다고 해서 싫었던 공부가 한순간에 좋아지는 건 아니었다.

아이는 결국 영어 공부 때문에 생활 전반에 대한 자신감을 잃어버렸고, 그 마음을 엉뚱하게 친구를 때리거나 유치원에 가는 것을 거부하는 행위로 표출했다. 아이큐 검사 같은 이례적인 테스트조차도 무의식중에 거부할 지경에 이른 것이다.

부모들은 흔히 글자를 외워 쓰는 암기력 자체가 곧 아이큐라고 생각하는데 결코 그렇지 않다. 오히려 글자 하나 몰라도 그 나이에는 세상에 대해서 사고할 줄 아는 능력을 길러 주는 것이 좋다. 새로운 문제에 부딪쳤을 때 나름대로 사고하여 방법을 모색한다거나, 잘 모르는 것에 관해서는 스스로 "왜?"라는 질문을 던질 수 있는 능력이 중요하다는 것이다. 그런 바탕 없이 글자만 외우고 1, 2, 3, 4를 익히게 하면 아이는 그저 '암기의 명수'로 자라게 된다. 사고가 없는, 외우기만 하는 바보가 되어 가는 것이다.

우리 큰애 경모가 한글을 배운 것은 학교에 입학하기 2개월 전이었다. 요새 분위기 같으면 아이가 여덟 살이 될 때까지 글을 쓰지 못한다는 것은 말도 안 되는 일이라 할지 모르겠다. 하지만 딱 두 달간의 공부만으로 경모는 한글을 배울 수 있었다.

"너무 쉬워, 이런 걸 왜 가르쳐 엄마. 알파벳보다 쉽잖아."

경모가 쉽게 글을 배울 수 있었던 것은 천재라서가 아니다. 그저 발달의 순리를 그대로 따랐기 때문이다. 만약에 그 고집 센 아이에게 한글을 어릴 때부터 가르치려 들었다면 오히려 정서적인 문제만 일으켰을지 모른다.

조기교육의 종주국인 미국의 한 유치원을 방문했던 생각이 난다. 덴버에서 가장 좋다는 그 유치원에서는 유아용 교재나 교구 따위는 전혀 찾아볼 수 없었다. 심지어 그 흔한 장난감 기차조차 눈에 띄지 않았다. 오로지 있는 것이라곤 넓은 풀밭과 진흙, 노끈, 타이어 등이었다. 선생님 말에 따르면 그 아이들은 원하는 것이 있으면 스스로 연구하여 만들어 낸다고 한다. 이미 만들어져 있는 장난감은 아이들의 창의성을 떨어뜨리므로 절대 사용하지 않는다는 것이다.

지금 이 순간에도 무얼 가르칠까 고민하는 엄마들에게 그 유치원을 한번 보여 주고 싶다는 생각이 든다. 그곳에 가면 엄마들이 아이를 왜 느리게 키워야 하는지 굳이 설명하려 애쓰지 않아도 알 수 있을 것 같기 때문이다.

　아이를 느리게 키운다는 것, 그것은 아이의 입장에 서서 아이에게 지금 가장 필요한 것이 무엇인가를 제대로 알아야만 실천 가능한 일이다. 물론 그렇게 되기까지는 무수한 시행착오를 거칠 수밖에 없다. 그러나 시행착오를 두려워하거나 귀찮아 해서는 안 된다. 왜냐하면 그 마음이 바로 아이를 느리게 키우려는 부모들의 기본자세이기 때문이다.

아이들의 스트레스가
더 위험한 까닭

● 미국에서 공부할 때의 일이다. 두 아이를 키우면서 낯선 땅에서 공부를 한다는 것은 시작부터 만만한 일이 아니었다. 하지만 정작 공부를 하면서부터 나를 힘들게 만든 것은 공부보다 오히려 큰아이 경모를 기르는 일이었다. 워낙 소극적이고 자기 세계에 빠져 살기를 즐기는 아이가 과연 180도 바뀐 미국 생활에 어떻게 적응해 나갈지가 엄마로서 적지 않은 고민이었다.

생각 끝에 나는 경모를 미국의 초등학교 1학년 과정에 입학시켰다. 예상대로 경모의 학교생활은 쉽지 않았다. 입학 후 며칠 지나지 않아서 경모 담임 선생님으로부터 전화가 왔다. 경모가 교실에서 수업에 집중하지 않고 교실 안을 이리저리 돌아다닌다는 거였다. 한 번은 아이가 없어져 황급히 찾아보니 운동장으로 나가 애국가를 부르고 있더란다.

그런데 선생님이 정작 문제를 삼았던 것은 경모가 자기와 눈도 마주치지 않으려 든다는 것이었다. "Look at me", "Look at my eyes" 하며 아무리 불러도 대꾸는커녕 고개조차 들지 않는다는 경모. 선생님은 아이 귀에 이상이 있나 싶어 귀 검사까지 시켜 봤을 정도였다.

당시 경모는 또래 아이들처럼 능숙하게 영어로 대화를 하진 못했지만 선생님의 말을 알아듣지 못할 정도는 아니었다. 그럼에도 불구하고 경모는 누군가의 말에 반응을 보이지도, 그리고 먼저 말을 꺼내지도 않았다. 말 그대로 학교에만 가면 벙어리가 되는 거였다. 뭐가 문제일까. 속이 탔다. 그러기를 6개월, 경모는 학교에서 처음으로 입을 열었다.

"I hate blue eyes. I like brown eyes."

담임 선생님의 눈을 똑바로 쳐다보며 꺼낸 경모의 첫마디였다. 그 한마디에는 지난 200여 일 동안의 경모의 마음이 모두 담겨 있었다. 나는 그제야 경모가 그동안 왜 선생님을 피하려고만 들었는지 이해가 갔다. 경모에게는 모든 것이 두려웠다. 그중 경모를 가장 무섭게 했던 것은 뚫어질 듯 응시하는 담임 선생님의 파란 눈이었던 것이다.

그것은 나로서도 미처 예상치 못한 일이었다. 새로운 환경에 적응하는 데 어려움이 있을 거라고 생각했지만 이 정도까지 아이가 힘들어 할 줄은 몰랐다. 6개월 동안 그 스트레스를 어떻게 견뎠을까. 속상하고 마음이 아파 나는 그날 저녁 아이를 붙들고 엉엉 울었다.

요즘 사람들은 "스트레스 받는다"는 말을 입버릇처럼 되뇌인다. 하지만 스트레스는 어른만의 전유물이 아니다. 요즘에는 아이들도 스트레스를 받는다. 늘 쾌활하고 즐거운 듯이 보이는 아이들에게 무슨 스트레스가 있을까 싶지만 아이들도 분명 스트레스를 받는다. 문제는 안타깝게도 아이들은 자신의 고통을 정확한 언어로 다른 이에게 전달할 줄 모른다는 것이다.

그러다 보니 멀쩡하던 아이가 학교에 안 가겠다고 버티고, 공부에 집중하지 못하고, 물건을 훔치는 등의 이상 행동을 보여도, 그것이 스트레스 때문인 줄 미처 파악 못 하는 경우가 많다. 더구나 부모는 그것이 자신이 고집하는 육아 스타일 때문이라는 것도 모르고 늘 아이를 어떻게 바로잡을 것인가만 고민한다.

아이들의 스트레스가 위험한 이유는 인격이 덜 형성된 어린 시기에 부모가 이를 무심코 지나칠 경우, 어른이 되어 성격이나 대인 관계에서 문제를 일으킬 확률이 높기 때문이다.

그렇다면 과연 우리 아이는 어디에서 어느 만큼의 스트레스를 받고 있으며, 그 까닭과 대처 방안은 무엇일까. 지금부터 아이들에게 흔한 스트레스와 이에 대한 대처 방안을 취학 전인 학령 전기와 취학 후인 학령기로 나누어 살펴보자.

학령 전기 어린이 스트레스

우선 학령 전기 스트레스 중에 가장 심한 것은 엄마와의 관계가 조화롭지 못할 때 나타난다. 엄마가 아기를 낳은 뒤에 우울증에 시달리거나 몸이 많이 아프다고 생각해 보자. 이때 엄마는 아기의 사인에 제대로 반응해 주지 못한다. 과연 아기는 어떻게 될까.

자주 깨고 제대로 먹지 못하는 것은 작은 스트레스에 불과하다. 이것이 계속되면 생리 조절 능력이 떨어짐은 물론 짜증이 많고 눈맞춤을 피하거나 자주 놀라는 등 감정 조절과 사회성 발달에까지 문제가 생긴다. 그러므로 유아에게 이런 스트레스를 주지 않으려면 엄마가 아기를 잘 기를 수 있도록 주변의 적극적인 도움이 필요하다.

아이는 돌이 지나면 언어가 빠른 속도로 발달하고, 동시에 사회적 판단력도 생긴다. 이는 곧 자아 개념과 연결되어 자신의 주장이 강해진다. 이전까지는 엄마에게 일방적으로 의존하는 수동적 존재였다면 이때부터는 뭐든지 자신이 직접 하려고 드는 고집쟁이로 변해가는 것이다. 하지만 이 시기 아이들은 아직 스스로의 판단만으로는 세상을 살아갈 능력이 없기 때문에 혼자서 마음대로 하다가도, 그게 제대로 안 되면 엄마에게 의존하여 해결하고자 한다. 그런데 아이가 엄마의 도움을 필요로 할 때 제대로 도움을 주지 못하면 아이는 심한 불안을 느끼게 되고, 스스로의 힘으로 세상을 살아가려는 삶의 첫 시도를 포기하게 된다.

이 시기의 아이에게 또 하나 지나칠 수 없는 스트레스는 형제들과의 갈등이다. 흔히들 형제나 자매는 자연스레 서로 좋아하게 된다고 생각하지만 부모의 사랑을 두고 서로 다투는 관계이기 때문에 필연적으로 경쟁자가 될 수밖에 없다. 특히 형제 사이의 터울이 짧거나, 한 아이가 아파서 다른 아이를 제대로 돌보지 못할 경우에는 문제가 심각해진다.

내 외래 진료실에는 조그만 아기 인형들이 많다. 어느 날 한 살 어린 동생이 자주 아파 상대적으로 관심을 덜 받고 자란 형이 진찰을 받으러

왔다. 그 아이는 내 앞에서 아기 인형들을 던지고, 머리를 잘근잘근 씹는 등의 신경질적인 반응을 보였다. 내가 그 이유를 설명하자 아이의 엄마는 눈물을 글썽이며 저렇게 가슴에 상처가 있는지도 모르고 많이 혼냈다며 가슴 아파했다.

이렇듯 아이들은 자신의 불만을 말로 표현하지 못하고 또 다른 행위로 표출한다. 때문에 부모의 세심한 관심과 지혜로운 판단만이 이런 문제를 미리 막을 수 있다. 그러므로 되도록 터울을 2~3년 이상 두고, 작은아이를 낳은 뒤 약 6개월까지는 큰아이 위주로 키워야 큰 아이가 동생에게 잘 적응한다는 사실을 알아둘 필요가 있다.

학령기 어린이 스트레스

아이가 학교에 입학하게 되면 이전과 다른 많은 책임이 생기고 주위로부터의 기대를 한 몸에 받게 된다. 그런데 아침에 일찍 일어나 등교 시간을 지키고, 적어도 40분 넘게 앉아서 수업에 몰두해야 하고, 친구들과 양보하며 잘 지내야 하고, 준비물도 챙겨야 하는 등의 일들은 어른들이 생각하듯 쉬운 일이 아니다.

특히나 학습 능력은 부모들에게는 가장 큰 관심사일 수밖에 없는데, 아이들은 자기가 자꾸 학습에서 뒤처지면 자신감이 없어지고 "나는 모자라는 아이"라는 식의 부정적 자아상을 갖게 된다.

그러므로 아이가 학습 능력을 제대로 발휘하기 위해서는 먼저 학습 습관을 잘 들일 필요가 있다. 1학년 때는 엄마가 곁에서 도와주다가 차차 아이 스스로 할 수 있게 격려해 주자. 처음부터 혼자서 제대로 알아서 하는 아이는 드물다. 특히 산만한 남자아이들은 더 많은 노력과 시간을 들여야 자율적인 학습 습관을 가지게 된다.

학습 능력 말고도 학령기 아이들은 친구를 잘 사귀는 능력이 필요하다. 어릴 때부터 성격이나 부모와의 관계에 문제가 있는 아이는 사회성 발달에도 문제가 따른다. 이런 아이는 결국 친구와 어울리지 못해 우울해 하거나 아예 컴퓨터 게임에 중독되다시피 하루 종일 혼자서 게임만 한다. 그러면 아무리 똑똑하다고 할지라도 주변의 작은 갈등도 해결하지 못함은 물론 자신의 유능함을 제대로 발휘하지 못하게 될 수도 있다.

어찌 되었건 아이들은 유아기 때부터 맺어진 부모와의 관계를 기본으로 다른 사람이나 또래들과 어울린다. 그러므로 아이들이 부모와 긍정적인 관계를 이루는 것이 무엇보다 중요하다. 아이들의 사회성을 발달시키기 위해서는 자연스럽게 주위 사람들과 어울릴 기회를 많이 만들어 주어야 한다. 그리고 친구 관계에서 어려움이 생겼을 때는 자세히 들어 보고, 필요하면 그 친구를 초대하거나 친구의 부모에게 이야기하여 오해는 풀고 넘어가는 것이 좋다.

이를 위해서 엄마 역시 개방적인 자세로 주위 사람들과 잘 어울릴 필요가 있다. 그래서 나는 나를 찾아오는 엄마들에게 학교에도 찾아가 보고 또래 엄마들과도 자주 어울리라고 말해 주곤 한다.

아이가 행복했으면 하는 것은 모든 엄마들의 바람이다. 그러나 그것이 지나치면 '육아育兒'라는 고정관념, 즉 아이는 이렇게 키워야 한다는 원칙을 만들고 그 틀에 아이를 끼워 맞추려고 든다. 어른의 잣대에 의해 이리저리 휘둘리는 아이는 점점 더 자기 자신을 잃게 된다. 단지 부모 뜻대로 움직이는 로봇이 될 뿐이다.

　이제 우리가 할 일은 아이에게 스트레스를 주는 것은 물론 엄마 자신도 구속시키는 '육아'에서 벗어나는 일이다. 현명한 부모에게 '육아'란 없다는 사실을 늘 기억하자.

아이를 느리게 키우는
부모들의 기본 덕목 4가지

점심시간에 요즘 재미있는 일이 한 가지 더 늘었다. 모두가 밥을 먹는 동안, 매일 누군가 한 사람씩 앞에 나가 이야기를 하는 '누군가의 얘기'라는 순서가 생긴 것이다. 대부분의 아이들이 교장 선생님의 의견에 찬성해 자연스럽게 순서도 정해졌지만, 전교생 앞에서 이야기한다는 것은 용기도 필요하고 그리 쉬운 일은 아니었다. 하지만 처음에는 부끄러워서 웃기만 하던 아이들도 앞에 나가 이야기하는 것에 조금씩 재미를 붙여 갔다.

그러던 어느 날, 순서가 됐는데도 절대로 하지 않겠다고 버티는 한 남자 아이가 있었다.

"할 이야기가 하나도 없어요."

교장 선생님은 그 아이에게 말했다.

"자, 네가 오늘 아침에 일어나서 학교에 올 때까지 있었던 일을 기억해 보렴. 제일 먼저 뭘 했니?"

"그러니까……."

"그것 봐, 넌 '그러니까' 하고 지금 말했잖아. 할 말이 있었잖아! 자, '그러니까' 다음에는 어떻게 됐지?"

"그러니까 …… 아침에 일어났어요. 그래서 말이죠."

"그렇게 하면 되는 거야. 이렇게 해서 네가 아침에 일어났다는 것을 모두가 알게 되었으니까 말야. 재미있거나 웃기는 이야기를 해야만 하는 건 아니야. '할 이야기가 없다!'고 했던 네가 얘깃거리를 찾아냈다는 것이 중요한 거야."

그러자 갑자기 아이는 아주 큰소리로 이렇게 외쳤다.

"그리고 나서 말이죠! 그리고 나서 말이죠 ……. 엄마가 있죠, 이를 닦으라고 해서 이를 닦았어요. 그리고 나서는요! 그리고 나서는, 학교에 왔습니다!"

교장 선생님은 박수를 쳤다. 토토와 아이들도 아주 힘차게 박수를 쳤다. 강당 안은 박수 소리로 가득 찼다.

그 남자아이는 이날의 박수 소리를 아마 어른이 되어서도 결코 잊지 못했을 것이다.

『창가의 토토』에 나오는 이야기인데, 나는 이 글을 읽으면서 문득 나 자신을 돌아보게 되었다. 만나는 엄마들마다 붙잡고 "아이를 느리게 키워라"라고 강조하면서도 나 또한 그들처럼 조급하게 아이를 떠밀고 있는 것은 아닌지, 그래서 아이가 자기의 재능을 마음껏 펼칠 수 있는 통로를 막아 버리는 것은 아닌지……. 언젠가 아이를 느리게 키우기 위해 부모로서 가져야 할 기본 마음가짐을 정리해 본 적이 있는데, 다음이 바로 그것이다.

1. 절대적인 사랑

아이를 제대로 키우기 위해서는 엄마로서의 기본적인 조건인 '사랑'을 늘 간직하고 있어야 한다. 자기 자식이 너무나 예쁘고 사랑스러워야만 한다는 것이다.

내가 이런 말을 하면 많은 엄마들이 반문한다.

"세상에 제 자식 미워하는 부모도 있나요?"

그러나 나는 미워하지는 않더라도 절대적으로 사랑이 부족한 엄마들을 의외로 많이 본다. 본인은 당연히 아이를 사랑한다고 생각하지만 그것은 어디까지나 엄마 자신의 착각일 뿐, 아이는 엄마의 사랑에 목말라 한다.

시댁으로부터 심한 괴롭힘을 당하던 한 엄마가 있었다. 특히 시누이는 무언가 마음에 들지 않으면 손에 잡히는 대로 물건을 집어던지는 등 난폭하게 굴곤 했다.

그런데 첫아이를 낳고 보니 공교롭게도 아이의 생김새가 어딘지 모르게 시누이와 닮아 있었다. 처음엔 '아니다, 아니다' 하면서 마음을 추슬렀지만, 한번 닮았다고 느끼자 자꾸만 생각이 그쪽으로 이어졌고 나중에는 아이를 볼 때마다 시누이 생각이 났다. 그 와중에 시누이와의 갈등은 점점 깊어져 갔고, 결국 시누이에게 못 다한 화풀이를 엉뚱하게 아이에게 하곤 했다.

이 엄마가 과연 "나는 아이를 사랑한다"고 말할 수 있을까. 마음은 어떨는지 모르지만 아이 입장에서는 엄마로부터 당연히 받아야 할 기본적인 사랑이 부족한 것이 틀림없다.

모성은 타고난다고들 말한다. 그러나 나는 모성은 길러지는 것이라고 말하고 싶다. 진정한 모성은 엄마의 노력 없이, 그리고 아이와 부대끼며 여러 갈등을 극복해 가는 경험 없이는 생길 수 없다.

직장생활 때문에 첫아이를 3년간 다른 사람 손에 키운 엄마가 있었다. 일을 그만둘 상황이 안 되어 부득이하게 아이를 다른 사람에게 맡길 수밖에 없었다는 그 엄마는 둘째를 임신하고 나서야 하던 일을 그만두고 아이를 찾아왔다. 그동안 소홀했던 아이를 마음껏 사랑해 주어야겠다고 마음먹은 그녀. 하지만 둘째가 태어난 뒤 자신의 생각이 얼마나 잘못되었는지를 비로소 깨달았다.

태어날 때부터 자신의 손으로 직접 돌본 둘째 아이는 그저 바라만 봐도 좋은데, 큰아이에게는 이상하게도 그런 마음이 생기지 않았던 것이다. 뭐가 잘못되었다고 생각하고 마음을 바로잡기 위해 무던히도 애를 썼지만 쉽지 않았다. 그렇다고 첫째를 특별히 구박한다거나 차별한 것은 아니다. 그러나 그녀는 아이에 대한 죄책감을 지울 수 없었다. 그녀의 가장 큰 고민은 엄마의 이런 마음을 큰아이가 혹시 알아채면 어쩌나 하는 것이다.

직장생활을 하다가 둘째를 낳고 집에 들어앉은 엄마들이 실제로 많이 이런 속내를 털어놓는다. 직접 내 손으로 보듬어 안아 키운 둘째에게 더 정이 많이 간다는 것이다. 낳은 정, 기른 정을 갖고 비교한다면 나는 절대적으로 기른 정 쪽에 손을 들어 주고 싶다.

엄마와 아이 사이의 결합성(Bonding), 즉 서로간의 애착은 상호 교환적이다. 엄마가 아이를 아무리 사랑하려고 해도, 아이와 함께 나누는 둘만의 공감대가 형성되지 않으면 그 사랑은 성숙되지 못하고 제자리걸음만 할 따름이다. 직장을 그만둔 많은 엄마들이 아이와의 시간을 보내며 '낯선 느낌'을 호소하는 것도 바로 이 때문이다.

아이는 엄마의 이런 감정을 귀신같이 알아챈다. 아이들의 감각은 때론 어른들의 상상을 초월할 정도로 민감하여 분위기만으로도 엄마가 무슨 생각을 하는지, 자신에게 어떤 감정을 갖고 있는지 정확하게 파악한다. 그런 아이가 자라서 "엄마가 무섭고 싫어요"라고 호소하는 것을 실제로 본 적도 있다.

결국 아이를 사랑하는 데도 노력과 시간이 필요하다. 엄마의 땀과 정성이 지속될 때, 비로소 보다 성숙한 사랑을 키워 갈 수 있다. 그리고 이런 절대적인 사랑이 바로 현명한 엄마의 가장 기본적인 바탕이 된다.

2. 민감성

사랑이 충족되고 나서 바로 이어져야 할 조건은 엄마의 '민감성'이다. 이는 아이가 보내는 사인 하나하나를 빠르고 정확하게 알아채는 능력을 말한다. 쉽게 말해 아이의 기분을 얼마나 제대로 파악하느냐가 관건이다.

아이가 울고 있다고 치자. 민감한 엄마라면 아이가 배가 고파 우는지, 아니면 어디가 불편해서 우는지 금세 알아챈다. 반면 그렇지 못한 엄마는 아이가 울다 지쳐 잠잠해질 때까지 이유를 몰라 쩔쩔맨다. 왜 어른들 사이에서도 한 박자 늦는 사람이 있지 않은가. 남들 다 웃고 한참이 지난 다음에야 혼자 웃거나, 끝까지 웃은 이유를 모르는 사람 말이다.

민감하지 못한 엄마들의 특징은 일방적으로 지시를 하거나 무엇인가 아이에게 강요한다는 것이다. 진료를 위해 준비된 놀이방에서 여러 가지 장난감을 두고 아이와 엄마를 놀아 보게 하면 단박에 이 사실이 드러난다.

엄마와 등진 채 놀고 있는 아이. 내가 보기에 이미 아이는 엄마와의 감정 교류에 흥미를 잃은 지 오래다. 그런 모습에 무안해진 엄마가 아이를 자기 쪽으로 돌려 앉힌다. 그런데 돌아앉은 아이 손에 기다란 쇠막대기 하나가 들려 있다. 엄마가 옆에 있던 인형을 아이에게 주며 말한다.

"그건 뭐에 쓰려고 그러니? 위험하니까 이것 갖고 놀자."

엄마에게 뺏긴 쇠막대기를 한사코 되찾으려는 아이. 하지만 엄마는 그런 아이를 외면한 채 쇠막대기를 멀찌감치 아이 손이 닿지 않는 곳으로 치워 버린다.

다른 재미있는 것도 많은데 아이가 그 쇠막대기를 집은 데는 다 이유가 있었다. 장난감 가운데 놓여 있던 실로폰을 두드릴 채를 찾고 있었던 것이다. 조금만 민감한 엄마라면 아이가 무엇을 하려고 하는지, 왜 그 쇠막대기를 잡았는지 금세 알 수 있었을 것이다. 그리고 인형을 쥐어 주는 게 아니라 위험한 쇠막대기 대신, 실로폰을 두드릴 만한 다른 물건을 아이에게 건네주었을 것이다.

아이는 곧이어 엄마에게 신경질을 내며 울기 시작했다. 한참을 달래던 엄마는 더 이상 안 되겠는지 내게 도움을 청하는 눈빛을 보내왔다.

놀이를 끝낸 후 엄마를 앞혀 두고 엄마의 민감성에 문제가 있다는 얘기를 꺼냈다. 이야기를 들은 그 엄마는 너무나 억울하다는 표정을 지으며 이렇게 말했다.

"제 성격이 원래 그런 걸 어떡해요."

물론 엄마의 민감성은 타고나는 부분이 없지 않다. 더구나 어린 시절 부모로부터 그런 배려를 받지 못했다면 더욱더 아이의 감정을 이해하는 데 서투를 수밖에 없다.

그러나 나는 앞서 말한 사랑과 마찬가지로 민감성 역시 얼마든지 길러질 수 있다고 본다. '여자는 약하지만 어머니는 강하다' 라는 말도 있지 않은가. 타고난 성격 때문에 아이에게 민감하지 못하다는 것은 그다지 설득력이 없다. 그렇게 말하기 전에 육아 환경은 어떤지, 나는 어느 정도 준비된 마음가짐을 갖고 있는지부터 점검해 봐야 하지 않을까.

남편과 자주 다투는 엄마가 있다. 아주 사소한 일로도 남편과 티격태격 싸우던 그녀. 싸움이 매일 반복되다 보니 아이에게 쏟아야 할 에너지조차 남편과의 다툼에 탕진해 버리고 만다. 두 번 안아 줄 걸 한 번 안아 주는 걸로 그치고, 나중에는 어제 먹이다 만 이유식을 그대로 아이 앞에 내민다. 대수롭지 않게 생각했겠지만, 그런 와중에 아이에게서 시선이 점차 멀어지게 되고, 그럴수록 엄마는 아이의 사인 하나하나에 둔감해져 버렸다.

 어떤 이유건 간에 아이의 사인을 제대로 읽지 못하는 엄마들은 반드시 그것부터 고쳐야 한다. "아이가 이럴 땐 무얼 원하는 걸까요?"라는 질문에 제대로 답할 수 있도록 스스로 노력하고 연습하자. 당장 되지 않더라도 주변의 아이 잘 키우는 엄마들을 모델로 삼고 노력하기를 멈추지 않는다면 얼마든지 달라질 수 있다.

 만일 엄마가 처한 주변 상황에 문제가 있다면 갈등의 요인이 되는 것부터 찾아 해결해야 한다. 정성만 있으면 아이를 키우는 데 방해가 될 만한 요소에서 슬기롭게 벗어나는 방법을 터득할 수 있다. 우울하다면 우울한 이유부터 찾아 없애자. 너무 바쁘다면 주변의 도움부터 요청하자. 남편과의 갈등이 있다면 타협점을 찾든지, 서로간의 원칙을 세우자.

 당장은 불가능해 보이는 일이더라도 그것이 아이의 성장에 가장 중요한 밑거름이 된다는 점을 인식한다면 어떻게든 방법이 있게 마련이다. 어떤 식으로든 민감성 기르기 훈련을 게을리하지 말자.

3. 반응성

민감성을 갖춘 다음 생각할 것은 그에 따른 적절한 반응이다. 아이의 사인을 민감하게 알아채기만 하면 무슨 소용인가. 그에 이어 꼭 필요한 반응을 제때 해 주지 않으면 아이의 마음에는 충족되지 않은 욕구에 대해 불만이 쌓이게 된다. 영유아기에는 특히 아이의 사인이 먹고 자고 배설하고 노는 기본적인 욕구와 관련된 것이 많은데, 엄마가 아이의 사인에 재빨리 반응해 주지 않으면 성격 형성에 심각한 장애가 따르게 된다.

흔히 반응이라고 하면 눈에 드러나는 어떤 욕구에 관한 대응이라고만 생각하는데, 때론 단순히 눈을 맞추는 것도 훌륭한 반응일 수 있다.

첫아이를 낳고 얼마 지나지 않아 바로 둘째를 가졌던 한 엄마 생각이 난다. 큰아이만 있을 때는 별다른 어려움 없이 아이를 기를 수 있었지만, 연이어 둘째를 낳고 나서는 신체적인 피로가 겹쳐 모든 것이 엉망이 되어 버렸다. 남편에게서조차 도움을 받지 못했던 그 엄마는 큰아이는 신경질적으로 변해 가고, 작은아이는 늘상 울기만 한다며 나를 찾아왔다.

"둘째가 울면 왜 우는지 알면서도 큰아이에게 시달리다 보면 제때 작은아이에게 맞춰 주질 못해요."

이렇듯 아이의 감정에 맞춰 반응을 보이지 못하는 엄마들을 보면 대부분 몸이 약하거나, 육아와 가사 노동으로 인해 피로에 짓눌려 있거나, 과로한 직장 일로 스트레스를 받고 있는 경우가 많다. 아이가 원하는 게 무엇인지 알면서도 신체적 정신적 피로로 인해 제때 반응을 보이지 못하는 것이다.

그럼에도 불구하고 아이가 자라 어느 정도 독립성을 갖추기 전까지는 절대적으로 엄마의 반응이 필요하다. 상황이 아무리 힘들더라도 아이에게 맞춰 줘야만 하는 시기가 있는 것이다. 이때 엄마가 힘들다, 다른 데 신경 쓸 일이 너무 많다는 등의 이유로 그 시기를 놓치게 되면 호미로 막을 일을 가래로 막는 격이 되고 만다.

그래서 나는 엄마들에게 정말 힘들면 보약이라도 챙겨 먹으라고 말한다. 그리고 아이 키우는 일 외에 자신을 힘들게 하는 것들로부터 해방되라고 말해 준다.

하지만 생각해 보면 엄마 스스로 자기 자신을 옥죄는 경우도 많다. 집안이 좀 더러우면 어떤가. 식탁 위에 반찬의 가짓수를 꼭 몇 가지 이상 채울 필요가 있는가. 일주일에 한 번은 꼭 찾아가던 시댁을 2주에 한 번쯤 찾아가면 또 어떤가. 또 남편에게 "피곤하니까 잠깐만 아이를 봐 달라"고 할 수 있지 않은가.

그런데 한편으로는 아이에게 지나친 반응을 보여 문제인 경우도 있다. 아이는 크게 원하지 않는데 급하게 반응하는 경우다. 아이가 어느 정도 자랐을 때 종종 그런 실수를 범하는데 조기교육이 일반화된 후 더 많이 늘어나는 추세다.

똑똑하게 키우겠다는 욕심에 행여 아이가 글자 하나를 알아보면 동화책부터 펼치는 엄마들이 대표적인 예다. 요새는 아주 어린 아기를 위한 교육용 장난감이 많은데 지능 개발에 좋다고 아이에게 무조건 들이미는 엄마들도 문제다. 아이가 조금이라도 기분이 좋은 것 같으면 그 기분에 맞춰 주는 것이 아니라 이를 틈타(?) 아이를 가르치려 드는 것이다.

반응을 보이되 엄마 생각대로 하지 말고 아이의 행동에 따라 반응하자. 모든 기준을 아이의 감정에 맞춘다면 엄마의 욕심 때문에 무리하거나 급하게 반응을 보이는 실수는 하지 않을 것이다.

4. 일관성

마지막으로 갖춰야 할 조건은 일관성이다. 아이의 사인에 민감하게 반응하되, 시시각각 변하는 엄마 기분 때문에 하다 말다 해서는 안 된다는 것이다.

물론 엄마에게도 감정이 있기 때문에 늘상 아이의 기분을 맞춰 줄 수는 없을 것이다. 그러나 엄마를 최초의 교류 상대로 삼는 아이 입장에서는 매사 자기 기분에 따라 제멋대로인 엄마 때문에 무척이나 혼란스럽다. 어른들처럼 상대방의 감정 상태를 고려하여 눈치껏 받아들이는 연습이 전혀 안 되어 있기 때문이다.

그런데 내가 이런 말을 하면 엄마들은 대뜸 이렇게 묻는다.

"그러면 어떤 기준으로 아이를 대해야 하나요?"

세상 모든 아이들이 제각기 개성이 있는 존재이듯, 어느 아이에게나 통용되는 보편적인 기준이란 없다. 엄마의 기질에 따라, 아이의 타고난 성격에 따라, 그리고 처한 환경에 따라 원칙은 모두 다르다.

육아 서적이나 잡지들을 보면 '이것만은 꼭 지켜라', '아이를 대할 때는 이렇게 해야 한다'며 많은 육아 원칙들을 제시하고 있는데, 나는 오히려 그것들에 신경 쓰지 말라고 말한다.

물론 아무것도 모르는 상황에서 주위로부터 조언을 구할 수는 있다. 하지만 조언은 그저 조언일 뿐이다. 가끔 엄마가 스스로 지키지도 못할 원칙들을 세워 놓고 억지로 맞춰 가는 모습을 보게 되는데, 이는 엄마에게나 아이에게나 좋을 것이 없다.

그리고 한 가지 잊지 말아야 할 것은 엄마의 일관적인 태도를 방해할 만한 요소들을 먼저 점검하는 일이다.

너무나 완강한 시어머니 때문에 소신껏 아이를 기르지 못하는 엄마가 있었다. 시어머니와 육아관이 달라 고민하던 그 엄마는 자기주장이 약한 편이어서 교육이나 생활 등의 육아 문제로 갈등이 있을 때면 자신의 생각을 접고 시어머니의 생각을 따랐다. 그러다 보니 아이에게 일관적인 태도를 보일 수 없었고, 이랬다 저랬다 하는 엄마 밑에서 자란 아이의 기질은 점차 까다로워졌다.

시어머니에게 육아를 전적으로 맡긴 경우라면 다르지만, 아이와 가장 많은 시간을 보내는 사람이 엄마라면 이런 갈등 상황부터 먼저 해결해야 한다. 그래서 나는 그 시어머니에게 아이를 위해서 일 년간만이라도 떨어져 지내는 것이 좋겠다고 조언했다. 아이가 엄마의 일관적인 양육 태도에 완전히 적응한 뒤에 손자를 만나는 것이 아이의 정신 건강에 좋다는 설명을 덧붙이며 말이다.

얼마 전에 나를 찾아왔던 한 엄마는 너무나 우울해 아이를 기르는 것이 힘들다고 하소연했다. 사연을 들어 보니 결혼한 뒤 친정 근처에 살다가 남편 직장 문제로 최근 들어 이사를 했단다. 전에는 친정 엄마와 언니가 함께 있어 힘이 되었는데 먼 곳에 혼자 떨어져 지내다 보니 그것이 우울증으로 번진 것이다. 우울증이 심해지면서 아이에게 화를 내는 날이 많아졌는데, 죄책감을 느끼면서도 그것을 고칠 수 없었다.

근본적인 문제는 그 엄마가 정신적으로 미성숙하다는 데 있지만 이는 단기간에 해결될 문제가 아니다. 결국 지금 당장 아이가 받을 혼란을 생각해서 그 엄마는 다시 친정집 근처로 이사를 했다.

무엇보다 중요한 것은 엄마가 처한 상황이 아이를 대하는 태도와 결부되어서는 안 된다는 점이다. 기분이 좋을 땐 한없이 잘해 주다가도 문제만 생기면 엉뚱하게 아이에게 화풀이하는 엄마들. 자신은 아니라고 이야기하겠지만 이런 엄마가 너무나 많다.

항상 머릿속에 아이와 자기 주변 상황을 떼어놓고 생각하는 연습부터 하자. 그리고 단기간에 일관적인 태도를 만들어 내는 것이 어렵다면 원칙을 세우기에 앞서 인내심부터 기르자. 어느 상황에서건 아이를 위해 인내한다는 마음을 갖고 시작하면 길이 보이게 마련이다.

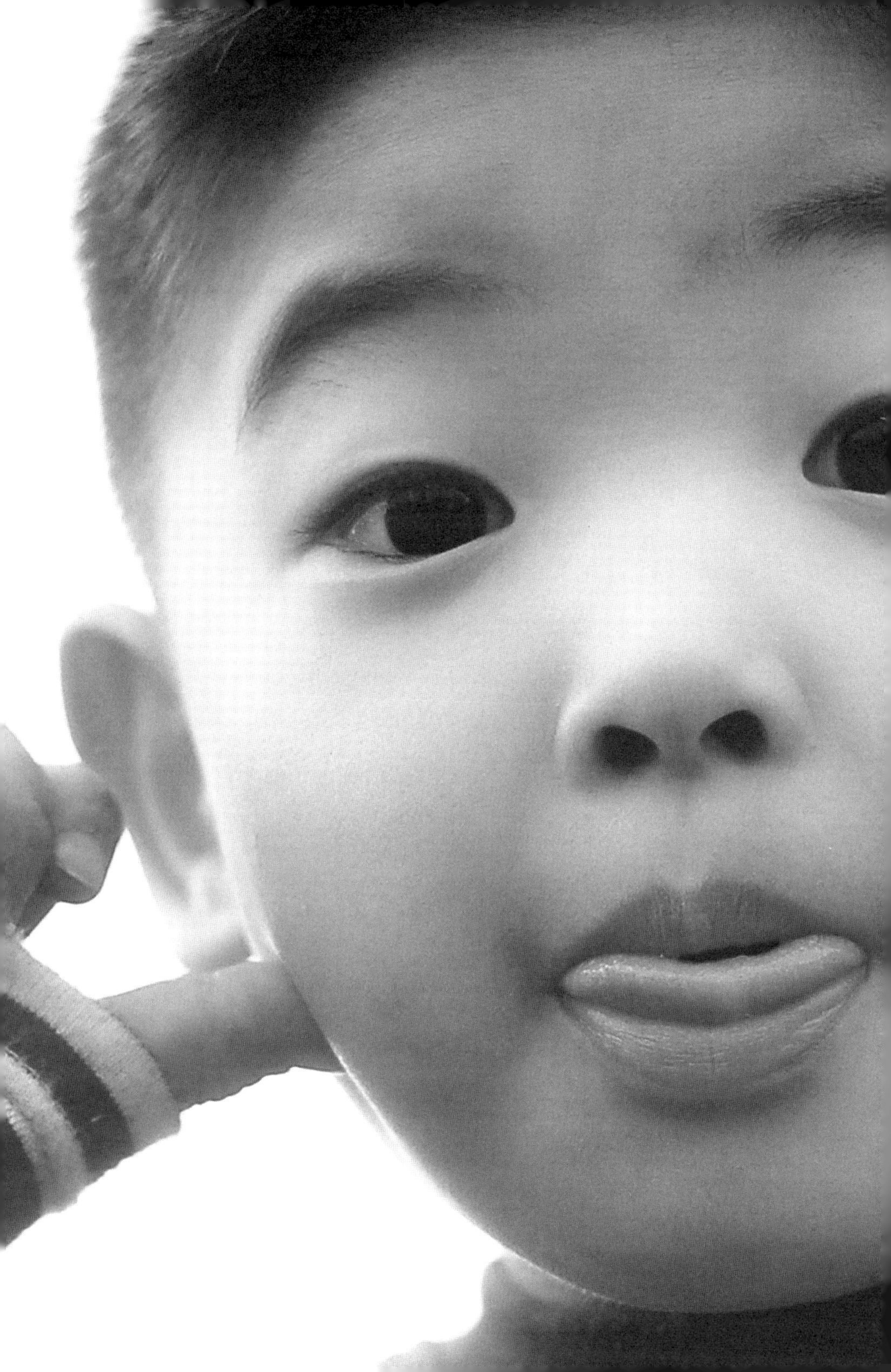

chapter 2
다섯 살까지는 마음껏 놀게 하라

'일단 시키고 보면 어떻게든 되겠지,
안 하는 것보단 그래도 뭔가 얻는 게 있겠지……'
그러면서 엄마들은 애써 불안감을 떨치고 마음의 위안을 얻는다.
하지만 불행히도 아이 학습에 있어 '어떻게든 되겠지' 같은
주먹구구식 방법은 절대 통하지 않는다.

부모들이 저지르기 쉬운
실수 4가지

● 　얼마 전 만 4세 6개월의 사내아이를 둔 한 엄마에게서 메일이 왔다. 조기교육에 부정적인 입장이라는 그 엄마는 아이가 만 3세가 될 때까지 아무것도 시키지 않고 있다가 아는 사람의 부탁으로 38개월쯤부터 방문 지도 학습지 하나를 시켰다고 했다. 아이가 선생님을 무척 좋아해 계속 시키면서도 진도나 숙제는 한 번도 신경을 쓴 적이 없었다는 그녀. 그런데 공부를 시작한 지 일 년이 넘어도 아이가 한 글자도 모르더란다. 엄마가 복습을 시키지 않았으니 그게 당연하다고 생각하고 대수롭지 않게 넘기려는데 학습지 회사 측에서 전문가 상담을 받아 보라고 했다. 애한테 분명 무슨 문제가 있는 거라며 인지 장애 같은 심각한 병명까지 들먹였단다.
　그때부터 그녀는 고민을 하기 시작했다. 그녀 말로는 아이가 평소 글자를 모르기는 해도 동화책을 무척 좋아하고, 한시도 쉬지 않고 질문을 하며 대화하길 좋아하고 유머 감각도 있다고 했다. 게다가 매사 즐겁고 교우 관계도 무척 좋은 편이라고도 했다.

하지만 지금 그녀는 어찌 할 바를 모르고 있었다. 정말 검사를 받아야 하는지, 아니면 다른 방법으로 공부를 시켜야 하는지 심각하게 고민을 하는 중이었다.

모르긴 몰라도 우리나라에서 아이를 키우는 엄마라면 누구나 한 번씩은 겪어 봤을 일이다. 시켜야 할 건 왜 이렇게 많고, 그걸 무시했을 때 주위에서 쏟아지는 우려와 조언은 또 왜 그렇게 많은지. 내가 큰아이 경모를 기를 때도 그랬다. 내가 알기론 아닌 것이 분명한데도, 무수한 선택의 기로에서 갈등을 겪어야 했다. 부끄럽지만 그 속에서 시행착오를 겪은 적도 여러 번이다.

그런데 이런 갈등이 조금 더 발전하면 돌이킬 수 없는 실수가 될 수 있다. 엄마와 아이 모두에게 치유하기 어려운 상처가 되는 것은 물론, 앞으로의 학습에 있어 커다란 장애 요소로 남게 되는 것이다. 따라서 그런 실수를 예방하는 것만으로도 아이 학습의 절반은 이룬 셈이다. 특히 다음의 네 가지는 절대 해서는 안 될 실수들이다.

1. 무조건 시키는 데서 위안을 얻는다

언젠가 텔레비전에서 봤던 한 광고가 생각이 난다. 학습지 광고였는데 이제 말이나 제대로 할까 싶은 아이가 그림책을 줄줄 읽는 거였다. 아니나 다를까. 광고가 나간 뒤 엄마들이 내게 이런 질문을 던졌다.

"선생님, 그 광고 보셨어요? 우리 애는 말도 잘 못하는데 걔는 어떻게 책을 줄줄 읽을까요?"

개중에는 광고 찍기 전에 애한테 먼저 외우게 했을 거라고 의심하는 엄마도 있었다. 어찌 되었든 당시 그 여파는 굉장했다. 들리는 소문으로는 그 광고가 효과를 톡톡히 봤는지 유아용 학습지 업체들이 엄청난 대목을 맞았다고 했다.

그처럼 학습지 열풍이 불었을 때 나는 엄마들에게 학습지를 얼마나 시키는지 물어봤다. 백이면 백 안 시키는 엄마가 없었다. 학원보다는 싼 값에 할 수 있다, 적어도 그냥 놀게 하는 것보다는 낫지 않겠느냐 등의 이유를 대며 말이다. 결국 막연하게 남들 하는 대로 쫓아가는 거였다. 내 아이만 뒤처지면 안 되니까.

밥 먹는 것보다 더 중요한 게 애 가르치는 일이라며 눈을 부릅뜨는 엄마들을 보면서 문득 드는 생각. 과연 누구를 위한 공부일까. 혹시 아이한테 꼭 필요해서, 애가 원해서 하는 공부라기보단 엄마의 불안을 없애기 위한 공부가 아닐까. 좋다면 무조건 시키고 보는 엄마들의 마음엔 공통적으로 이런 심리가 숨어 있는 것 같다.

'일단 시키고 보면 어떻게든 되겠지, 안 하는 것보단 그래도 뭔가 얻는 게 있겠지……'

그러면서 엄마들은 애써 불안감을 떨치고 마음의 위안을 얻는다.

하지만 불행히도 아이 학습에 있어 '어떻게든 되겠지' 같은 주먹구

구식 방법은 절대 통하지 않는다. 99명에겐 100퍼센트 효과가 있는 학습법이 1명에게는 치명적인 부작용을 불러일으킬 수도 있다. 그리고 그 한 명이 바로 우리 집 아이일 수 있다.

만일 그 학습이 아이에게 맞지 않았을 경우 아이가 받는 정신적인 부담감, 실패로 인한 좌절, 정서 발달의 저해 등은 이후 학습 동기를 떨어뜨리는 가장 큰 요인이 된다. 즉 평생 공부하기 싫어하는 아이로 남을 수 있다는 거다.

때문에 밑져야 본전이니 무조건 시키고 보자는 것처럼 위험한 발상은 없다. 왜 이걸 시켜야만 하는가에 대한 명확한 이유가 있어야 하며, 이것이 누구를 위한 것인지부터 곰곰이 되짚어 볼 필요가 있다. 아이에게 꼭 필요한 건지, 또 아이가 원하는 건지 다시 한 번 물어야 한다.

그걸 잘 모르겠거든 명확한 이유를 찾을 때까지 차라리 안 시키는 게 낫다. 잠시 잠깐의 위안과 내 아이를 맞바꿀 수는 없는 노릇 아닌가.

2. 승진 시험 공부는 하면서 아이 키우는 공부는 죽어도 안 한다

우리 집에는 내가 아끼는 영화 DVD가 몇 개 있다. 평소에 좋아하던 영화들인데 시간이 날 때마다 가끔 하나씩 꺼내 보면서 감동에 젖곤 한다. 그중 하나가 웃음 뒤에 눈물을 자아내던 영화 〈인생은 아름다워〉이다.

밝고 순수한 영혼을 지닌 귀도는 아름다운 아내 도라, 다섯 살배기 아들 조슈아와 함께 행복한 나날을 보내고 있었다. 그러나 히틀러의 나치 군대가 들이닥치면서 그들의 행복도 산산조각이 나고 만다. 귀도와 조슈아는 유태인이라는 이유 때문에 강제수용소에 끌려가고, 그의 아내 도라는 유태인이 아니면서도 남편과 아들을 쫓아 수용소행 기차에 오른다.

학살이 계속되는 긴장 속에 수용소 생활을 시작한 그들 가족. 그러나 수용소 안의 끔찍한 현실을 어린 조슈아가 알아선 안 된다. 그래서 귀도는 수용소에 들어온 첫날, 어린 아들의 눈앞에 가상의 현실을 창조한다. 수용소 규칙에 대해 설명하는 감시관에게 자진해서 통역을 하겠다고 나선 귀도. 감시관은 아주 싸늘한 얼굴로 탈출하면 총살이라는 말과 함께 숨 막히는 수용소 규칙에 대해 설명하지만, 감시관의 말을 전하는 귀도의 입에서는 전혀 다른 얘기가 나온다.

"당신들은 특별히 선발돼 이곳에 왔으며 지금부터 사상 최대의 게임이 시작된다. 게임은 매일 계속되며 1,000점을 먼저 딴 사람이 1등상으로 탱크를 받게 된다……."

그 덕분에 어린 아들 조슈아는 수용소에 포로로 잡혀 있으면서도 이 모든 것이 게임이라고 믿게 된다. 즉 조슈아의 눈에 비친 수용소는 추위와 배고픔으로 얼룩진 현실이 아닌, '게임 병정'들이 장악한 이상한 나라이며 비밀에 휩싸인 마법의 공간이다. 그리고 시간이 흘러 조슈아가 수용소의 진짜 모습을 어렴풋이 느낄 때마다 아버지인 귀도는 "이 모든 것은 신나는 게임이란다"라고 속삭이며 끔찍한 진실의 창을 가려 버린다.

게임에서 이기려고 하루 종일 침대 밑에 숨어 있는 아들에게 품안에

감추어 두었던 마른 빵을 꺼내 손에 쥐어 주는 귀도.

그는 독일이 패전한 그날, 총살장으로 끌려가면서도 아들이 그 모습을 보고 있다는 걸 깨닫고는 눈까지 찡긋거린다. 게임 병정들을 쫓아 우스꽝스럽게 걷고 있는 그의 입은 어린 아들을 향해 이렇게 말한다.

"이제 게임은 다 끝났단다. 오늘 하루만 지나면 네게 탱크가 주어질 거야."

죽음의 공포 따윈 아버지로서의 그에게 흠집 하나 남길 수 없었다. 그리고 그런 아버지 덕에 수용소에서 독일군이 철수할 때까지 조슈아는 굳은 믿음으로 '게임'을 끝낼 수 있었다. 그리고 게임이 종료되었을 때 조슈아 앞에 커다란 탱크가 나타난다. 독일군을 몰아낸 미군의 탱크였다.

조슈아가 유태인 학살의 현장에서 끝까지 살아남을 수 있었던 것은 아버지가 만들어 준 상상력 때문이었다. 아버지의 노력이 조슈아로 하여금 죽음의 현실조차 비켜가게 했던 것이다. 아버지라는 울타리 안에서 조슈아는 추위와 배고픔도 웃으며 견딜 수 있었다. 어린 조슈아에게 그것은 아버지가 만들어 준 단순한 게임에 불과했기 때문이다.

부모가 어떻게 해 주느냐에 따라 아이가 세상을 바라보는 눈이 달라진다. 총에 맞아 쓰러지는 사람을 앞에 두고도 조슈아는 그 안에서 죽음을 보지 못했다. 조슈아 눈에 비친 학살 현장은 어른들 사이에서 벌어지는 재미있는 총싸움 놀이에 불과했던 것이다.

영화를 본 사람들은 그럴지도 모른다. 저건 영화이기 때문에 가능하다고, 아무리 어린아이라 할지라도 그 긴 시간 동안 어떻게 눈치채지 못할 수가 있느냐고. 그러나 그것은 귀도가 다름 아닌 조슈아의 아버지였기 때문에 가능한 일이었다.

부모는 아이가 세상에서 만나는 최초의 교사이며, 그 영향력은 그 어떤 존재보다 막강하다. 아이에게 세상에서 가장 절대적이며 친밀한 존재가 바로 부모이기 때문이다.

그런데 우리 엄마들은 그 사실을 잘 모르는 것 같다. 자신이 아이에게 얼마나 막대한 영향력을 미칠 수 있는지, 자신의 노력으로 인해 아이가 얼마나 달라질 수 있는지 말이다. 그래서일까. 승진 시험에는 밤을 새우며 열심히 공부를 하면서도, 부모로서의 길에 대해서는 전혀 공부하려는 모습들을 찾아볼 수 없다. 그러면서 이렇게 말한다.

"도대체 어떻게 해야 할지 모르겠어요."

부모됨의 중요성을 모르고 공부를 안 하니 이런 말이 나올 수밖에. 부모란 아이에게 있어 단지 잘 먹이고 잘 입히고 시간 맞춰 공부만 시키면 되는 존재가 아니다. 때론 부모 자체가 아이에게 세상의 전부이기 때문에, 스스로 소양을 쌓고 끊임없이 공부하며 노력해야 한다. 아이에게 부족함 없는 든든한 세상이 되어 주기 위해 늘 깨어 있어야 한다는 말이다.

문제가 있는 아이를 두고 단지 성격이 나쁘다고 말하는 것, 적시에 필요한 요소들을 채워 주지 못하는 것, 그러면서 일방적으로 이것저것 강요만 하는 것. 이 모두가 엄마 스스로 공부하지 않고 노력하지 않은 데서 비롯된다.

내가 이런 말을 하면 엄마들은 세상에 태어나서 처음 부모 노릇을 하는데 모르는 게 당연하지 않느냐고 반문한다. 그러나 나는 모른다는 사실 자체를 탓하려는 게 아니다. 모른다는 사실이 얼마나 무서운 일인지 자각하지 못하고, 그저 방치하는 것을 꼬집고 싶은 것이다.

감히 말하자면 나는 세상에서 가장 많은 공부가 필요한 직업이 바로 '부모'라고 생각한다. 이 공부에는 끝이 없다. 부모라는 명함을 지니고 있는 이상 공부는 계속되어야만 한다. '어떻게든 크겠지'라는 식의 생각은 엄마로서 저지르는 가장 치명적인 실수임을 잊지 말자.

3. 어느새 아이의 감시자가 되어 버린다

나를 찾아온 아이에게서 심각한 증상이 발견될 경우, 나는 엄마를 집중적으로 인터뷰한다. 그럴 땐 대부분 주 양육자인 엄마에게 문제가 있는 경우가 많기 때문이다.

얼마 전 박사 과정에서 아깝게 공부를 그만두었다는 한 엄마를 만났다. 딸 문제로 나를 찾아온 그 엄마는, 내 책상 위의 메모지에 손을 뻗는 아이에게 대뜸 "가만 있어. 그러면 안 돼!" 하고 단호하게 야단을 쳤다.

그 행동 하나만 봐도 평소 학습에 있어 아이를 어떻게 대하고 있는지가 훤히 들여다보였다. 짐작했던 대로 그 엄마는 아이에게 네 살 때부터 가르쳤다는 피아노를 벌써 3년째 계속 시키고 있었고, 한글은 일찍

감치 떼고 이제 영어 공부를 시키고 있단다.

"애가 하고 싶어 하던가요?"

"애가 뭘 알겠어요. 뭐가 좋을지 엄마가 알아서 챙겨 줘야죠."

많이 배웠다는 엄마들에게서 가장 많이 나타나는 실수가 이거다. 아이의 학습에 있어 하나부터 열까지 지시하고 감시하는 것을 엄마의 역할이라고 착각한다. 그들은 애써 가르쳐 주지 않아도, 아이들이 많은 것을 스스로 배우고 습득해 나간다는 사실을 믿지 않는다. 애는 당연히 자신이 공부시키고, 돌봐 주고, 잡아 주어야 할 대상이라고만 생각하기 때문이다. 그래서 처음부터 끝까지 '애가 뭘 알겠어?'로 일관하며 '감시자'로서의 엄마를 자처한다. "너 학원 갔어?", "오늘 영어 공부는 여기까지 해야 해", "그건 절대 하면 안 돼" 등등의 말들을 통해 끊임없이 아이를 체크하는 것이다. 거기에서 그치면 좋으련만 그들은 아이의 일에 있어 해결사 노릇까지 하려 든다. 아이 스스로 판단하여 자기 의지대로 해 볼 기회조차 막는 것이다.

물론 나도 두 아이를 기르고 있어서 그 엄마들의 마음이 전혀 이해가 안 가는 건 아니다. 자기 자식이 잘못되는 걸 어느 부모가 눈뜨고 볼 수 있으랴. 자식이 비뚤어지면 나 때문에 그런 거라며 평생 죄책감에 시달리는 게 바로 부모 마음 아닌가. 그러니까 힘들어도 아르바이트를 하나 더 해서라도 내 아이를 공부시키려 하는 게고. 하지만 무엇이든 지나치면 차라리 아무것도 안 하느니만 못한 법이다.

문제는 이런 엄마 밑에서 자란 아이가 엄마 없이 저 혼자서는 아무것도 할 줄 모른다는 데 있다. 이런 아이들은 문제가 발생하면 무조건 엄마에게 쪼르르 달려간다. "엄마, 다음엔 뭐 하면 되요?", "뭘 해야 할지 모르겠어요", "엄마가 해 줘". 그 아이가 자라 어떨지는 불을 보듯 뻔한 일이다.

버트런드 러셀Bertrand A. W. Russell이 쓴 어느 책에서 이런 문구를 읽은 적이 있다.

"현대의 교육 이론들은 아이들에게 간섭하지 않는 태도의 긍정적 가치를 너무 소홀히 하는 경향이 있다."

그는 아이에 대한 간섭이 애정을 넘어서서 감시가 되어 버리고 있는 현실을 꼬집고 싶었던 게 아닐까. 아이도 엄연한 인격을 가진 한 인간이므로 당연히 누려야 할 권리가 있다. 그러므로 부모들이 감시자, 해결사 노릇을 하려는 것은 엄연히 존재하는 아이의 권리를 침해하는 행위이다.

나는 학습에 있어 모범 답안이 될 엄마의 모습은 '해결사'라기 보다 '협력자'로서의 모습이라 생각한다. "이렇게 해!"라고 말하기 보단 "어떻게 했으면 좋겠니?"라며 함께 방법을 모색하는 것, 그래서 결국엔 아이 스스로 답을 찾고 행하게끔 하는 자세가 필요하다는 거다. 아이가 제대로 잘 커 나가길 바란다면 말이다.

4. 아이가 똑똑한 것을 광고하고 다닌다

아이의 아이큐를 알고 싶다고 나를 찾아온 엄마가 있었다. 엄마 말에 따르면 한글이라고는 한 글자도 가르친 적이 없는데 두 돌도 지나지 않아 아이가 웬만한 글은 전부 다 읽더란다. 내친김에 아이에게 영어 카드를 보여 주고 몇 번 읽어 줬더니 금세 따라했다고도 했다.

일단 확인을 위해 인터뷰에 들어갔다. 그랬더니 엄마가 갑자기 끼어들면서 다음과 같이 말했다.

"선생님, 다른 건 필요 없고 아이큐 검사 좀 해 주세요."

엄마 얼굴에는 '선생님을 찾아오는 애들 중에 이만한 애는 없을 걸요' 하는 표정이 역력했다.

"아이큐 검사가 아이 지능을 전부 말해 줄 수는 없어요. 또 아이큐 검사에도 여러 종류가 있는데 그중 애한테 맞는 걸 해야 그나마 정확한 검사 결과를 볼 수 있습니다."

미심쩍어하는 엄마를 무시하고 하던 대로 인터뷰에 들어갔다. 그런데 그 아이는 내가 묻는 이러저러한 질문에 거의 대답을 못했다. 그리고 고개를 푹 숙인 채 내 시선을 피할 따름이었다.

엄마에게 애가 원래 이러냐고 물었더니 집에서는 그러지 않는다고 했다. 병원이 처음이고 내가 낯설어서 그런가 보다 싶어 아이를 달랬다. 놀아도 주고 달래도 주었더니 아이가 조금 나아지는 듯했다. 하지만 여전히 경직 상태여서 혹시나 하는 마음에 엄마를 내보냈더니 이번에는 훨씬 더 말도 잘 하고 간혹 웃기도 했다.

그래서 본격적인 검사에 들어갔는데 엄마 말처럼 애가 그렇게까지 뛰어나지는 않았다. 그리고 학습과 관련된 질문을 하면 아이 표정이 여지없이 굳어져 의사인 내가 오히려 긴장이 될 정도였다.

또 생각을 하게끔 만드는 질문에 대해서는 시종일관 "몰라요"라거나 아니면 질문 의도와는 전혀 상관없는 엉뚱한 답을 하곤 했다.

"다른 건 평범하고 사고력 부분이 조금 떨어지는 것 같네요."

검사 결과를 얘기했을 땐 그 엄마의 얼굴이 거의 사색이 되었다.

"그럴 리가요. 우리 애가 얼마나 똑똑한데요. 아마 긴장을 해서 그럴 거예요."

흥분하는 엄마를 진정시킨 다음 그간의 이야기를 물었다. 늦은 나이에 결혼을 해서 아들을 얻었는데 어느 순간엔가 아이가 무척 똑똑해 보였다는 말이 시작이었다. 그 뒤 이어지는 얘기에서도 엄마 입에선 아이가 똑똑했다, 남과 달랐다는 말이 끊이질 않았다.

나는 그 아이를 돌려보내며 내 어린 시절을 떠올렸다. 초등학교 3학년 때부터 나는 꽤나 공부 잘하는 편에 속했다. 공부를 잘했다기보다 시험 잘 보는 요령을 일찍 터득했다는 편이 더 맞을 게다. 이 말을 하면 사람들은 공부를 잘해서 좋았겠다고 하지만 정작 학창시절의 나는 그렇지 못했다. 한번 1등을 하고 난 뒤로 나는 앞만 보고 달릴 수밖에 없었다. 주위의 부담스러운 관심과 시선이 나로 하여금 최고의 자리에 서야 한다는 강박관념에 시달리게 만들었고, 그래서 나는 외줄을 타는 심정으로 항상 긴장하며 살아야 했다.

나를 찾아왔던 그 아이도 마찬가지였을 거다. 오히려 나보다 더 어린 나이에 힘든 문제에 부딪쳐 감당하지 못할 고통을 겪은 건 아닌지……. 그 아이가 실제 남보다 빠른 발달을 보였을 수도 있다. 그러나 중요한 건 엄마의 그런 태도와 부담스러운 주변 시선으로 인해 아이는 점점 더 힘들어졌다는 점이다. 엄마 손에 끌려 다니며 자신의 능력을 계속 확인당하면서 그 아이는 무슨 생각을 했을까.

미국의 소설가 펄벅Pearl C. Buck의 『대지』에 보면 부부가 첫아들을 낳았는데, 그 아이가 너무 예뻐 하늘이 시샘할까 봐 옷깃으로 아이를 감추는 장면이 나온다. 아이에게 특별한 점이 있다는 사실을 주위 사람들에게 자랑하기는커녕 그로 인해 아이에게 집중될 관심과 시선을 오히려 걱정했다. 나는 그것을 '감추는 것의 미덕'이라 생각한다.

호주의 부모들도 자신의 아이가 남보다 빠른 발달을 보이거나 어느 부분에 있어 특출함을 보일 경우 일부러 쉬쉬 하며 이를 숨긴다. 아이가 그로 인해 부담스러워하거나 상처받는 걸 두려워해서다.

호주의 영재교육 시스템에서도 이 같은 철학이 그대로 드러난다. 시드니에 있는 영재교육연구정보센터에서는 영재가 외로움이나 고립감에서 벗어나 또래 집단과 공동체에 잘 적응하도록 지도하는 교습 방법을 중점적으로 가르치고 있다.

아이가 똑똑하다고 자랑하는 우리네 부모들은 아이 입장에서 그것이 어떻게 작용할지에 대해 전혀 생각들을 안 하는 것 같다. 똑똑한 것에만 매달려 그걸 어떻게든 더 키우려고만 하지 그렇게 했을 때의 반작용은 알려고도 하지 않는다.

　첫 단추 잘 끼워야 한다는 말은 바로 이럴 때 필요한 말일 게다. 아이가 똑똑하다고 세상에 내놓는 바로 그 순간부터, 아이 앞에는 외롭고 힘든 나날이 열릴지도 모른다. 또한 그로 인해 득보다 실이 많을 수도 있다. 그러므로 현명한 부모라면 아이가 똑똑하다고 무조건 그것을 광고할 일은 아니다. 감출 건 아이 자신조차 모르게 감추면서, 그 안에서 아이의 능력을 살리는 게 더 옳은 길이 아닐까 싶다.

아이큐 절대 믿지 마라

● 언젠가 친척 집에 놀러갔다가 우연히 텔레비전 드라마를 본 적이 있다. 육아 문제로 젊은 부부가 한바탕 싸움을 벌이는 장면이었는데 무슨 말 끝엔가 남편이 아내에게 버럭 소리를 지르며 이렇게 말했다.

"당신 머리 닮아 애가 저렇게 공부를 못하지! 당신 아이큐는 도대체 몇이야?"

실제 우리 생활에서도 이런 일이 비일비재하다. 오죽하면 2세를 고려해서 머리 좋은 사람과 결혼한다는 얘기가 나올까. 만일 아이의 아이큐가 기대에 못 미치기라도 하면 엄마들은 대번에 애 인생이 거기서 끝난 것처럼 절망한다.

나를 찾아오는 엄마들도 끊임없이 아이큐에 대해서 묻는데, 이제 엄마들이 그토록 집착하는 아이큐의 허와 실에 대해 알아보자.

근대적 의미의 지능 검사가 처음 이루어진 것은 1905년 비네Binet라는 프랑스 학자에 의해서였다. 프랑스 정부는 비네에게 학교 교육을 받기에 지능이 너무 떨어지는 아동을 찾아내는 검사를 개발하라고 지시했다. 이에 비네는 우둔한 아동이 정상 아동에 비해 정신 성장이 뒤져서 연령보다 어린 행동을 한다고 가정한 후 다음과 같은 공식을 만들었다.

지능지수(IQ) = 정신연령(MA)/실제연령(CA) × 100

이때 정신연령이란 검사상 측정된 아동의 지능 검사 점수이고, 실제연령은 다수 아동의 평균치 점수이다. 그러므로 이 공식에 따르면 아동이 평균 수행 능력보다 잘한 경우는 100 이상이 되고, 이에 못 미칠 때는 100 이하가 된다.

여기에서 우리가 주목해야 할 것은 지능 검사란 게 원래 지진아와 정상아를 구별하기 위한 용도로 개발되었다는 점이다. 또한 재미있는 것은 실제로 지능 검사를 할 경우 아이의 기분 상태에 따라 그 수치가 10 정도 오르락내리락한다는 사실이다. 지능이 130 이상인 아이를 다시 측정해 보면 120정도 나오는 예가 얼마든지 있다.

더 기가 막힌 사실은 이놈의 지능지수라는 게 학습 효과가 있어 검사를 계속하다 보면 그 수치가 올라간다는 것이다. 약 6개월 정도 주기를 두고 정기적으로 지능 검사를 해 보면 백발백중 점수가 올라간다. 만일 아이 아이큐 때문에 한이 맺힌 엄마가 있다면 지금부터 시작해서 정기적으로 아이에게 아이큐 검사를 받게 하라. 100퍼센트 만족은 못하더라도 어느 정도까지는 아이큐를 올릴 수 있을 거다.

이 같은 사실들은 무얼 말하는 걸까. 결국 우리가 알고 있는 아이큐가 실은 허상에 불과하다는 점이다. 기분에 따라 10점 정도가 얼마든지 왔다갔다하고, 반복해서 보면 점수를 올릴 수 있으니 말이다. 그리고 애초에 정상아와 지진아를 구별하기 위한 것이었기에, 수치가 100만 넘으면 아무 문제가 없는 것이다. 즉 아이큐 100 이상만 되면 누구나 공부를 잘할 수 있는 기본은 갖춘 셈이라는 결론이 나온다.

아이큐라는 게 실은 숫자 놀음에 불과하다는 결론이 난 지금, 한 가지 의문이 들지도 모르겠다.

'그렇다면 사람의 지능을 판별할 기준은 없는가?'

나는 아동의 지능을 판단함에 있어 크게 세 가지 측면을 본다. 분석적(Analytical) 아이큐, 실용적(Practical) 아이큐, 창의적(Creative) 아이큐가 그것이다.

우리가 흔히 알고 있는 아이큐는 그중에서 분석적 아이큐를 측정하는 것이다. 이는 현상을 파악하고 분석하는 능력을 말한다. 즉 새로운 자극을 받아들였을 때 이를 분류하고 외우고 자기 걸로 소화해 내는 능력이다. 그런데 진짜 정확한 아이큐를 알아보려면 이것 외에 나머지 두 가지 지능도 함께 측정해야만 한다.

먼저 실용적 아이큐는 배운 지식을 쉽

게 실생활에 응용하는 능력이다. 그래서 이 능력이 뛰어난 아이들은 현실감각과 사회성이 뛰어나다. 남의 감정을 잘 이해하고, 이를 기반으로 사람과의 관계를 잘 조율해 가며, 언어력 또한 높은 특징을 보인다. 보통 실용적 아이큐는 남자아이보다 여자아이들이 높은 경향이 있다. 또 학교에 적응을 잘하고 공부를 잘하는 아이들도 대개 실용적 아이큐가 뛰어나다.

이에 반해 창의적 아이큐는 매순간 사물을 기존의 틀대로 보지 않고 새롭게 바라보는 능력을 말한다. 그래서 창의적 아이큐가 뛰어난 아이들은 보통 생각이 많고 엉뚱한 질문을 많이 하며 행동 자체도 독창적일 때가 많다.

그러므로 창의적 아이큐가 뛰어날 경우 상대적으로 실용적 아이큐가 떨어지는 예가 많다. 반대의 경우도 마찬가지이다.

우리 집 큰아이 경모가 대표적인데 경모는 창의적 아이큐가 높은 반면 실용적 아이큐가 조금 떨어진다. 혼자서 무언가를 생각하고 연구하며 사물을 새롭게 보는 것은 좋아하지만, 반대로 외부 세상과 교류하고 적응하는 데는 도통 관심이 없다.

세계적인 아동 발달학자 피아제Piaget에 따르면 지능은 새로운 환경에 적응하는 능력을 말한다. 그러면 앞서 말한 세 가지 아이큐가 모두 중요할 수밖에 없다. 분석적 아이큐만 뛰어나고, 실용적 아이큐와 창의적 아이큐가 모자라다고 생각해 보라. 알고 있는 지식을 실행으로 옮기고, 새로운 눈으로 현상을 재해석하는 능력이 없어서 문제 해결력이 떨어질 수밖에 없고, 그러면 새로운 환경에 적응하는 능력 또한 남보다 뒤처질 수밖에 없다.

그러므로 지능을 판별하려면 이 세 가지 요소를 모두 봐야 하는데, 문제는 분석적 아이큐만 눈에 보이는 수치로 측정이 가능하고, 나머지 두 지능의 경우 정확한 측정이 불가능하다는 것이다.

그러나 수치화되지 않는다고 해서 그 존재 가치마저 부정할 수는 없는 노릇이다. 바꿔 말하면 지금 우리가 알고 있는 아이큐는 내 아이의 능력을 판단하는 기준이 절대로 될 수 없다. 따라서 내 아이의 아이큐가 높다고 자랑하거나, 반대로 낮다고 걱정할 하등의 이유가 없다. 아이큐가 높으니까 아이의 능력 또한 뛰어날 거라 착각하여 무리하게 공부시키는 엄마들은 이제라도 아이큐의 허상에서 벗어나야 한다.

기억하라. 아이큐를 믿는 순간, 내 아이가 돌이킬 수 없는 불행에 빠질 수 있다는 사실을.

아이들의 뇌에 숨어 있는 놀라운 비밀

● 수년 전 모 방송국으로부터 의뢰를 받은 적이 있다. 세간에 영재라고 화제가 되고 있는 한 남자아이의 지적 능력을 테스트를 해 달라는 거였다. 테스트하는 장면을 그대로 방송으로 내보내겠다는 것이 그들의 의도였다. 우리말은 물론 웬만한 영어 질문에도 능숙하게 대답한다는 그 아이는 이미 어느 영재교육 기관으로부터 능력을 인정받은 상태였다.

나는 어떤 아이기에 사람들이 이 난리인가 싶어, 그 아이를 만나 보고 싶어졌다. 나는 아이를 만난 자리에서 일단 "How are you?"라고 물었다. 그러자 아이는 즉시 "Fine thank you"라고 답했다. 나는 내친 김에 이를 이용한 간단한 응용 문장으로 몇 가지 질문을 더 해 보았다.

그런데 아이의 반응이 이상했다. 단어 순서만 몇 개 바꾼 쉬운 질문이었는데도 대답을 못하고 얼굴을 잔뜩 찡그렸다.

문제는 그 다음부터였다. 한번 질문에 답을 못한 아이는 그 뒤 어떤 질문에도 거부 반응을 보이더니 급기야는 심한 짜증을 내기 시작했다. 그것은 능력 범위를 넘어선 문제에 저항하는 시행 불안 증세가 틀림없었다.

왜일까? 그간의 일들을 들어 보니 문제는 아이의 학습 과정에 있었다. 아이가 시키는 대로 잘 따라하자 엄마는 더욱 아이를 부추겼고, 다른 아이들에 비해 월등할 정도가 된 다음부터는 각종 언론 매체에서 신동이 났다며 법석을 떨었다. 그러는 사이 아이에게는 실패에 대한 두려움과 강박관념이 생겼다. 칭찬받아 으쓱했던 마음이 엄마를 실망시키지 말아야 한다는 부담감으로 바뀌었고 나중에는 급기야 틀리면 안 된다, 잘해야만 한다는 강박증으로까지 발전한 것이다. 그 정도가 되자 이해가 안 되어도 무조건 암기하고 보는 습성이 생기기 시작했다. 그러다가 암기하지 못한 문제를 접하니 두렵고 짜증이 날 수밖에.

이것이 비단 몇몇 특수한 아이에게만 해당하는 얘기가 아니다. 나를 찾아오는 환자들을 보면 이렇게 인터넷이나 책 등 시각적 자극을 통한 단순 암기만 과하게 시켜서 문제가 생긴 아이들이 참 많다. 그 아이들을 보면 대체적으로 언어 이해력이 떨어진다. 즉 일방적으로 자기 얘기만 하고, 의사소통을 통해 서로의 생각을 교환하는 일에 익숙하지 못하다. 남의 얘기를 도무지 수용하지 않으려는 것이다. 시각적으로 무언가를 보고 외우는 쪽으로만 아이를 몰고 가니 뇌 또한 그쪽으로만 발달해 다른 영역의 발달을 저해하는 거다. 그런 아이들의 경우 시각적 자극을 중지시키면 빠르게 모든 것이 호전된다. 어떤 아이들은 시각적 자극을 멈춘 즉시 100퍼센트 좋아지기도 한다.

그 과정에 대해 좀 더 자세히 살펴보자면, 사람의 뇌에는 정보 전달의 교량 역할을 하는 시냅스가 있다. 태어날 때는 이 시냅스가 어른에 비해 몇십 배가 더 많다. 그러다가 생후 1세까지 많이 줄어들고, 이후 4세까지 조금씩이지만 계속해서 줄어든다. 쓸데없는 시냅스 즉 신경회로가 죽는다는 말이다.

그런데 만일 그게 없어지지 않고 계속 살아 있다면 어떻게 될까. 새로운 자극이 오면 효율적인 신경 전달 과정을 통해 정보가 빠르게 처리되어야 하는데, 바로 여기에 문제가 생긴다. 다시 말해 빠르고 정확한 정보 전달이 불가능해진다는 것이다.

극단적인 예로 자폐증 환자들을 보면 상당수가 머리, 즉 뇌가 비정상적으로 크다. 쉽게 말해 꼭 필요한 '가지치기(pruning)'가 잘 안 되어 그만큼 필요 없는 시냅스가 많이 남아 있다는 얘기다. 결국 뇌 발달에 있어 가장 중요한 것은 뇌가 얼마나 효율적으로 축소되느냐에 달려 있다. 필요 없는 부분은 가지를 치고, 꼭 필요한 부분만 남기는 것이 바로 그것이다.

따라서 어느 한쪽으로만 치우친 인지 자극을 주면 시냅스 형성이 그 방향으로만 일어나고, 다른 쪽은 상대적으로 시냅스가 줄어들어 뇌 발달의 불균형이 초래된다. 그런 의미에서 요즘 한창 엄마들 사이에서 화제인 '우리 아이 영재성 키워 주기'에 대해 한 번쯤 짚고 넘어갈 필요가 있다.

'어릴 때 제대로 자극을 주지 않으면 영재성이 사장되므로 그렇게 되기 전에 적극적으로 밀어 줘야 한다.'

이때 어릴 때라 함은 몇 년 전만 해도 4~5세를 뜻했는데, 지금은 3세 이전으로 더 빨라졌다. 그러니까 그 논리를 좀 더 정확히 표현하자면 3세까지 어떤 학습적 자극을 주지 않았을 경우 아이의 지적 능력이 제대로 발현되지 못한다는 얘기다. 아니 안 시키면 곧 아이가 뒤처져서 바보가 되고 말 것처럼 호들갑을 떨며, 되도록 빨리 영어, 수학, 한글을 가르친다.

이런 논리를 펴는 사람들은 다음과 같은 쥐 실험을 예로 든다. 쥐 두 마리 중 하나는 장난감이 많은 곳에, 하나는 장난감이 없는 곳에 둔다. 시간이 흐른 뒤 이 쥐들의 뇌를 검사해 보면 장난감이 많았던 곳의 쥐가 그렇지 않은 쥐보다 대뇌피질의 두께가 더 두껍다. 자극 때문에 뇌가 더 발달한 것이다. 그러니까 그들의 얘기는 사람도 쥐처럼 자극을 많이 주면 줄수록 뇌가 더 발달할 거라는 거다.

물론 실험 결과 자체에 이상이 있는 것은 아니다. 하지만 현실적으로 볼 때 사람은 쥐처럼 굳이 자극을 주지 않아도 될 만큼 환경적으로 수많은 자극 속에 놓여 있다. 그러므로 이런 쥐 실험에 근거해 아이들에게 자극을 더 줘야 한다고 말하는 그들의 논리에는 모순점이 있다.

뇌 발달 분야의 전문가인 서유헌 교수의 이야기에 따르면 언어나 수와 관련한 학습은 뇌 발달상 만 6세 이후에 시키는 게 옳다. 언어력과 관련한 측두엽과 수학, 물리적 기능을 담당하는 두정엽이 이 시기가 되어서야 비로소 발달하기 때문이다.

따라서 아이가 학령기 전에 영어, 수학, 한글을 잘 못한다고 고민할 필요가 전혀 없다. 아이의 뇌가 그런 교육을 제대로 받아들일 만큼 발달하지 않았구나 생각하면 그만이다.

그럼 만 6세 이전에 아이들의 뇌 발달은 어떻게 이루어지며, 어떤 학습이 필요할까?

일단 만 3세 정도까지 아이의 뇌는 어느 한 부분에 치중하지 않고 모든 부분이 골고루 왕성하게 발달한다. 때문에 시각적 자극처럼 어느 한쪽으로 편중된 학습은 좋지 않다. 예를 들어 물고기에 대해 학습을 시킬 때도 단순히 그림책이나 영상을 보여 주는 것보다는 오감을 이용해 직접 보고 만지게 하는 것이 보다 효과적이다.

그리고 무엇보다 이 시기에는 아이의 정서적 측면이 크게 발달하므로 아이가 즐겁고 행복하게 생활하도록 도와줘야 한다. 그래야만 스스로에 대해, 세상에 대해 긍정적인 이미지를 갖게 되며 이는 곧 자신감으로 직결된다. 이때 엄마와의 스킨십은 아이의 정서적 안정에 있어 매우 큰 역할을 한다. 아이를 안아 주고 눈을 맞추며 행복감을 느끼게 하는 게 곧 정서적 안정을 가져오고 이것이 바로 두뇌 발달로 이어지기 때문이다.

그 뒤 만 5세 정도까지는 종합적인 사고력을 담당하는 전두엽이 발달한다. 사고력을 제대로 키우기 위해선 무작정 지식을 외우게 하는 것보다는 아이들로 하여금 생각할 기회를 많이 주는 것이 좋다. 이 시기의 아이들은 흔히 끊임없이 상상의 날개를 펴는데 이때 다양한 경험을 하면 생각하는 힘이 저절로 키워진다. 다만 그 과정에 있어 직접 사물을 보고 느끼고 생각하게 해야만 보다 강력한 정보의 축적이 이루어진다. 즉 앉아서 종이와 연필로 공부하는 것보다 말 그대로의 체험 학습이 중요하다는 거다.

뇌 발달과 관련한 나의 경험을 얘기해 보자면 내가 글자의 원리를 제대로 알게 된 것은 초등학교 3학년 무렵이었다. 이는 추상적 사고력, 즉 이론만으로 문제의 규칙을 분석하고 이해하는 능력으로 뇌 발달상 만 10세 전후에 찾아오는 것이다. 그전까지 나는 내 이름 석 자를 통째 외워 적었었다.

그런데 어느 날 갑자기 숙제를 하다가 글자 '애'가 'ㅇ+ㅐ'라는 사실이 눈에 들어왔다. 그리고 나니 내가 그동안 읽었던 모든 글자들이 어떤 규칙으로 단어가 되는지가 머리에 들어왔다. 지금 생각해 보면 뇌 발달상 그전까지는 불가능했던 것이다.

불가능한 것, 그래서 해 봤자 안 될 것들이 있다. 어린아이의 학습이 그렇다. 시켜서 좋아진다면 모를까, 오히려 부작용만 일으키는데 억지로 강요할 필요가 뭐가 있겠는가. 옆집 아이와 비교하면서 괜한 스트레스를 받을 필요가 없다. 오히려 다섯 살 때까지는 아이를 마음껏 놀게 하라. 아이로 하여금 직접 부딪치고 경험하며 세상을 알아가게 하라. 그것이 곧 아이와 당신 모두를 위하는 길이다.

내가 정모를
영재 학원에
보내지 않은 이유

● 언젠가 시험 삼아 둘째 정모에게 수 공부를 시킨 적이 있다. 초등학교 들어가기 전에 수를 어느 정도나 알고 있는지 확인해 보기 위해서였다. 모 학습지를 주고 지켜보았는데 잠시 시선을 돌린 사이 정모가 너무 빨리 문제들을 풀어 버렸다. 하도 이상해서 다시 시켜 보았다.

정모가 푼 문제는 이를테면 이런 거였다. 사과를 5개씩 일렬로 배열해 두고 순서대로 세서 총 몇 개인가 알아맞히기. 그런데 정모는 수를 처음부터 하나씩 세는 게 아니라 줄 단위로 5, 10, 15 이런 식으로 건너뛰고 마지막 줄만 세는 거였다. 쉽게 말해 5진법을 사용했던 것이다.

"그렇게 하는 법을 누가 가르쳐 줬니?"

"그냥 나 혼자 생각한 거예요. 귀찮게 이걸 하나씩 세요?"

뿐만이 아니다. 정모가 내게 이런 말을 한 적도 있었다.

"엄마, 우리가 즐겨 가던 식당이 어디예요?"

순간 잘못 들었나 싶었다. 아직 유치원에 다니고 있는 아이 입에서 '즐겨' 같은 추상적인 단어가 나온다는 게 믿기지 않았다. 어쩌다 주워들은 말이겠거니 하고 그냥 넘기려는데 또 이런 말을 한다.

"부처님 오시는 날인데 왜 부처님이 안 와요?"

그런 정모를 보고 얼마나 놀랐던지. 수학적 사고력도 그렇고 언어력도 그렇고 어릴 때부터 정모는 뭐든지 남보다 뛰어났다. 미국에서 살 때 아동 발달 연구의 일환으로 정모가 발달 검사를 받을 기회가 생겼다. 검사 결과 정모는 전 영역에 걸쳐 또래보다 최소 1년 정도 빠른 발달을 보였다. 분명 보통은 아니었다. 함께 검사를 지켜보던 다른 미국인 동료들은 우스갯소리로 "정모는 영재반에 가야겠다"고까지 했다.

그때 나는 웃으며 말했다.

"죽었다 깨나도 절대 정모를 영재반에 보내는 일은 없을 거야."

기본적으로 영재 교육은 말 그대로 풀이하면 영재들을 위한 교육이다. 그런데 우리 사회에 퍼져 있는 영재 신드롬은 영재가 아닌 아이도 영재로 만들 수 있는 것처럼, 어떻게든 영재로 만들지 않으면 안 될 것처럼 몰아가고 있다. 그저 영재 만들기에 혈안이 되어 있는 것이다. 이런 현상은 심지어 병이 있는 아이조차 영재아로 탈바꿈시키는 웃지 못할 상황까지 빚어내고 있다.

오래 전에 만난 초등학교 1학년 남자아이 생각이 난다. 그 엄마는 나를 보자마자 대뜸 아이가 똑똑하니 영재가 아닌지 판별해 달라고 했다. 유치원 때부터 굉장히 책을 많이 읽었는데 특히나 과학 분야에 대단한 관심을 보인다는 그 아이. 엄마의 얼굴에는 아이에 대한 자랑스러움이 가득했다.

그러나 여러 가지 측면으로 진단해 본 결과, 그 아이는 아스퍼거Asperger 장애를 지닌 아이였다. 아스퍼거 장애란 선천적으로 사회성 발달이 안 되는 장애로, 남의 감정을 제대로 파악하지 못하고 주변인과 관계를 맺는 데 무척 서툴다. 이를테면 아이들이 줄을 서 있는데 무시하고 맨 앞에 가서 선다. 왜 맨 앞에 섰냐고 물으면 도리어 왜 줄을 서야 하느냐고 묻는다. 순서를 지켜야 하는 이유를 모르는 것이다. 따라서 혼자 지내는 걸 좋아하며 그 시간에 어느 한 가지 일에 심할 정도로 집착을 한다.

그 아이뿐만이 아니다. 실제로 나를 찾아오는 엄마들 중에서도 아이가 영재라며 찾아왔다가 이런 장애를 발견한 예가 상당히 많다. '영재'에 눈이 멀어 자기 아이에게 문제가 있는지조차 모르고, 심지어 그 병을 영재성으로 착각하기까지 하는 것이다. 위 엄마의 경우도 한 가지 일에 대한 심한 집착을 영재성으로 착각한 경우다.

도대체 영재가 무엇이기에 이렇게 난리인가? 영재 만들기에 성공하면 그게 다일까? 그것이 사랑하는 아이의 행복한 미래를 보장해 줄까? 그럼 영재 만들기에 실패하면 그 아이의 인생은 보잘것없는 것일까? 내가 자꾸만 영재 신드롬에 우려를 금치 못하는 이유는 그 부작용으로 나를 찾아오는 환자들이 계속 늘고 있기 때문이다. 그리고 더 무서운 건 그 아이들이 생각보다 더 심각한 증상을 보인다는 사실이다.

어린 시절, 특히 만 3~5세는 일생에서 가장 풍부한 상상력으로 세상을 제멋대로 바라보는 유일한 시기이다. 모든 사물을 자신의 관점으로 바라보고, 자기만의 언어로 그 사물을 명명하는 것이다. 애한테 모자란 부분이 있어서 그런 게 아니다. 발달상 자연스럽고 필요한 과정이다. 어린 시절에 이 같은 과정을 잘 거쳐야 나이가 들어서 공부다운 공부를 했을 때 그것을 자기 색깔로 소화할 수 있다.

그런데 이런 중요한 시기에 우리나라 부모들은 앞다투어 글자부터 가르친다. 맘껏 상상의 날개를 펼칠 시기에 이해할 수 없는 글자 외우기만 강요당하는 아이들. 그들은 뭔가 생각해서 문제를 해결하거나 자기 뜻을 펼치는 게 아니라 가르쳐 준 대로 무조건 외우고 따라하는 앵무새가 되어 버린다.

이런 영재 신드롬이 가져오는 또 하나의 문제점은 너무 어린 나이에 학원에 다니는 등 다른 아이들과 비교되는 경쟁 상황에 놓이는 것이다. 어린아이들은 발달론적으로 볼 때 경쟁 자체가 주는 중압감을 견디지 못한다. 그래서 경쟁이 발생하면 엄청난 스트레스를 받는다. 그리고 스트레스를 장기간 과하게 받다 보면 뇌가 큰 타격을 입게 된다. 가장 먼저 영향을 받는 부분이 바로 기억력. 단적으로 말해 스트레스를 많이 받은 아이의 경우 기억력이 현저하게 떨어진다. 그것은 곧 정신 건강이 전반적으로 위태롭다는 걸 의미한다. 이런 식으로 어린 시절에 뇌를 다치면 커서도 회복이 거의 불가능하다.

기억력과 함께 침해받는 것이 바로 도덕성. 만 3~5세에 완성되는 기본 덕목인 도덕성은 남의 감정을 이해하고 고통을 공감하는 데서 비롯된다. 이 나이 또래 아이가 남이 우는 걸 보고 얼굴을 찌푸리거나 따라 우는 것도 다 이런 도덕성이 형성되는 과정에 있기 때문이다.

도덕성이 잘 발달된 아이는 신호등이 빨간불일 때 단순히 규칙을 따르려고 걸음을 멈추는 게 아니라 '내가 그렇게 했을 때 모두에게 피해를 주기 때문'에 멈춰 선다. 이것이 바로 규칙의 내면화이다.

그런데 스트레스는 이런 규칙의 내면화를 막아 버린다. 일방적으로 강요받기만 한 채, 타인과의 상호작용을 통해 그의 감정을 이해하고 공감할 기회가 부족하니 그럴 수밖에. 그저 강요당하고 듣기만 하는 아이는 결국 제대로 된 도덕성과는 거리가 멀어지게 된다. 쉽게 말해 경찰이 있을 때만 교통 신호를 지키는 사람이 되고 마는 것이다.

뿐만인가. 없어도 될 부분, 즉 살아가는 데 있어 오히려 장애 요인이 될 것들이 마구 생겨난다. 대표적인 것이 바로 공격성이다. 어린아이 입장에서 볼 때 공부라는 것은 일종의 억압이다. 발달상 견디기 어려운 억압이 주어졌을 경우 이는 불만을 거쳐 공격성으로 나타난다. '왕따' 문제가 유치원에서도 종종 발생하는데, 이유 없이 주변 친구를 괴롭히고 못살게 구는 것도 사실은 아이들 내면에 자리하고 있는 공격성에 기인하는 것이다. 나는 이 아이들이 어른이 되었을 때를 생각하면 정말 끔찍하다. 총기난사 같은 사건들이 더 이상 바다 건너 먼 나라 이야기가 아닐 수도 있기 때문이다.

그 시기에 꼭 필요한 발달을 막으면서 오히려 장애를 초래하는 것, 이것이 바로 영재 신드롬이 가져오는 무서운 결과다.

때문에 나는 정모와 게임 같은 걸 할 때 일부러 져 주는 편이다. 미국에서 재미있는 메모리 게임을 하나 구해 왔는데 그림이 그려져 있는 나무 조각들을 전부 뒤집어 놓고 두 개씩 살짝 뒤집으며 짝을 찾는 게임이다. 다섯 살 정도까지는 나는 아예 정모가 무조건 이기도록 했다. 일부러 못 맞추는 척, 내가 자기보다 못한다는 걸 과장되게 보여 주었다. 그렇지 않으면 아이가 그 스트레스로 인해 밤잠을 못 이루기 때문이다.

간단한 게임에서도 그럴진대 그것이 학습 전반으로까지 이어진다면 정모는 어떤 반응을 보일까. 영재 학원에 보냈다고 치자. 아마도 자기만큼 뛰어난 아이들이 가득하다는 것을 알고 놀랄 것이고, 자기보다 더 잘하는 아이가 있으면 그 앞에서 기가 죽을 것이다. 또한 잘하는 아이 쪽으로 더 기울 수밖에 없는 선생님의 관심을 끌기 위해 스트레스를 받아 가며 무리한 공부를 시도할 테고, 틀리면 안 된다, 더 뛰어나야만 한다는 강박관념이 어린 정모를 병들게 만들 것이다. 아이를 무리하게 경쟁 상황에 두어 스트레스를 받게 하고, 공격적이고 도덕성 없는 아이로 만드는 짓을 내가 왜 하겠는가. 나는 심지어 영재 신드롬이 새로운 형태의 아동 학대라고 생각한다. 나는 이 같은 명확한 이유 때문에 정모를 영재 학원에 보내지 않았다.

우리나라 기자가 싱가포르의 초등학교 5학년 영재반에 재학 중인 아이에게 물었다.

"같은 또래 친구들 가운데 나라 전체에서 상위 1퍼센트에 든 것을 어떻게 생각하니?"

그러자 그 꼬마가 말했다.

"글쎄요. 전 제가 정말 평범하다고 생각하는데요."

그 아이의 장래 희망은 운동선수. 기자는 의아해 물었다.

"왜 꿈이 운동선수야?"

그러자 그 아이는 6세부터 배드민턴을 시작했는데 엔지니어인 아버지가 틈날 때마다 배드민턴을 치며 놀아 준 즐거운 기억 때문에 장래 희망을 그렇게 정하게 됐다고 말했다. 그래서인지 그 아이는 중국어 과외 수업을 받는 날을 빼고는 매일 체육관에 가서 배드민턴을 쳤다.

나는 그 신문 기사를 읽으며 정모를 떠올렸다. 나는 정말이지 우리 정모가 행복한 아이로 자라길 진심으로 바란다. 그래서 그 아이처럼 남보다 뛰어난 능력을 가진 것 때문에 부담을 느끼기는커녕 본인 스스로 평범하다고 느끼고, 네 능력이 아깝지 않으냐고 물어도 그에 상관하지 않고 자신이 진정 좋아하는 일을 꿈꿀 수 있기를 바란다. 공부를 잘 못하고, 명문대에 가지 못하면 어떠랴. 정모가 서른 살쯤 되었을 때 진정 꿈꾸던 일을 하면서 제 능력을 활짝 꽃피운다면 나는 더 이상 바랄 게 없겠다.

때문에 나는 늘 아이의 목소리에 귀 기울이고 아이의 발달 과정에 맞춰 아이가 뭘 원하는지 끊임없이 시켜볼 생각이다. 그리고 내가 아이에게 무리한 요구를 하고 있지는 않은지, 그래서 정모의 숨은 능력을 죽이고 있지는 않은지 늘 되짚어 볼 것이다. 그것이야말로 정모가 자기가 원하는 분야에서 두각을 나타내고, 그래서 행복한 삶을 영위할 수 있는 힘이 되기 때문이다.

당신의 아이가 바로
'Late Bloomer' 일지도 모른다

● 유년 시절부터 그는 좀 덜 떨어진 아이였다. 발육은 물론 말을 배우는 것 또한 늦어 부모조차 그가 지진아가 아닌가 의심할 정도였다. 그런데 걷는 것마저 다른 아이들보다 2~3년이나 늦었다. 겨우 말할 수 있게 되었을 때에도, 말하는 투가 몹시 어색한 데다 그 나이 또래와 비교하면 지나치게 말을 더듬었다.

초등학교 시절 그는 어떻게 해 볼 도리가 없는 최저의 열등생이었다. 물론 이해력까지 한심한 지경은 아니었으나 흥미가 없는 과목에 대해서만큼은 철저히 백지 상태였고 너무나 게으르기까지 했다. 결국 그는 수업을 이해할 수준이 안 된다는 이유로 학교에서 낙제를 당하고 말았다.

웬 발육 부진아 얘기일까 하겠지만 이것은 바로 세계적인 물리학자

아인슈타인Einstein의 어린 시절 이야기이다. 수학을 제외한 외국어, 동물학, 식물학의 성적이 모두 낙제점이었던 아인슈타인은 그 후 스위스 연방 공업대학 입학시험에 낙방했다. 그 뒤 아라우의 국립 중·고등학교에 재입학해 나머지 과목들을 이수하고 고교 졸업장을 취득하고 나서야 비로소 그 대학에 입학할 수 있었다.

그때부터 그는 그동안 숨겨져 있던 자신의 천부적인 재능을 살려 33세에 교수가 되고 42세에 광양자光量子를 발견, 노벨 물리학상을 받았다.

아인슈타인의 얘기를 특별한 케이스라고 생각할는지 모르지만 사실 우리가 아는 위인들 중 이처럼 뒤늦게 자신의 재능을 꽃피운 사람들이 의외로 많다.

엑스선을 발견한 뢴트겐Roentgen은 심지어 고교 졸업을 1년 앞두고 퇴학을 당하기까지 했다. 학교 성적이 좋지 않았던 것은 당연지사. 그 후 고향에 와서 다시 편입 공부를 했지만 결과는 낙방이었다. 나중에 스위스 취리히 공과대학에 입학한 그는 35세가 되어서야 비로소 학계의 인정을 받기 시작했고, 그를 세계적으로 유명하게 만든 엑스선 발견은 그의 나이 52세의 일이었나.

영국의 위대한 정치가 처칠Churchill은 태어날 때부터 미숙아였다. 학창시절 그를 가르쳤던 한 여교사는 당시 처칠을 가리켜 "학급에서 제일 멍청한 소년이었다"라고 말하기까지 했다. 그는 가장 낮은 성적으로 유서 깊은 국립학교인 할로교에 입학했다. 입학시험에서 처칠이 제

출한 라틴어 답안지에는 글자 하나와 잉크 얼룩밖에 없었다. 당연히 불합격이었지만, 당시 교장은 "랜돌프 경(당시 재무부 장관을 지냈던 정치가로 7대에 걸쳐 귀족이었다)의 아들이라면 그 정도로 부진아일 리가 없다"며 처칠의 입학을 허가했다고 한다.

그 후 그는 육군사관학교에 입학해 군인의 길을 선택했는데, 이 역시 실은 성적이 나빴기 때문이었다. 그는 그때까지만 해도 대학 진학에 무려 세 번이나 실패한 삼수생이었을 따름이었다.

뿐만인가. 발효와 부패를 연구하여 세균학의 기초를 확립한 파스퇴르Pasteur 역시 아주 평범한 학생이었다. 그저 착실하게 학교 다니는 게 유일한 장점이었던 그는 20세에 디죵 대학에서 학사 학위를 취득할 당시만 해도 화학 성적이 20명 중 15등이었다.

그러던 그가 화학 연구에 매진한 것은 듀마 교수를 만난 후였다. 그의 강의를 들으면서 파스퇴르는 비로소 연구에 몰두하였고, 성적도 점차 좋아져 졸업 후에는 듀마 교수의 제자로서 대학에 남았다. 그리고 불과 2년 뒤 주석산에 대한 연구로 자신의 재능을 빠르게 발현시키기 시작했다.

유년시절 공부를 못한 것은 물론이고, 발육 부진에 학습 장애, 심지어 미숙아였던 그들은 지금 각 분야에서 최고의 재능을 발휘한 사람들로 자리매김 되고 있다. 이들이 어린 시절 '지진아'에 속했던 것은 우연의 일치일까.

우연이라고 하기에는 뚜렷한 공통점이 보인다. 어릴 때는 평범하다 못해 심지어 모자란 아이였다는 점, 때문에 그 누구도 이들에게 기대를 갖지 않았다는 점, 그럼에도 불구하고 어느 순간에 이르러 갑자기 그 능력을 꽃피웠다는 점 등이 바로 그것이다.

여기에는 아주 과학적인 해답이 있다. 이들은 이른바 'Late Bloomer(늦게 꽃피는 아이)', 즉 뒤늦게야 자신의 능력을 발휘하는 하나의 인류군에 속한 사람들이다.

인간의 뇌는 아주 신비한 것이어서 어떻게 발전해 가는지 그 실체가 아직까지 완전히 밝혀지지 않고 있다. 그럼에도 지금까지 밝혀진 바에 따르면 어린 시절의 뇌 발달에 있어 감각을 이용한 지적 경험이 중요한데 시각이나 청각 등에 장애를 가진 아이들의 경우, 감각 기관에 장애가 있음에도 불구하고 일정 시기가 되면 심상心象, 즉 세상에 대한 자기관이 생긴다고 한다. 시각이나 청각적 자극이 없어도 세상을 인식한다는 말이다. 발달론자들은 이를 두고 인간의 뇌에 어떤 외부적인 자극 없이도 대안적으로 발달해 가는 기능이 있지 않나 추론하고 있다.

그렇다면 이런 사실에 기반하여 우리는 어떤 결론을 내릴 수 있을까? 한마디로 이렇다.

'뇌와 관련한 사람의 능력이 언제 어떤 식으로 발현될지 아무도 모른다.'

이것이 바로 우리가 흔히 쓰는 말인 '잠재력'이다. 잠재력이란 말 그대로 숨겨진 능력, 그래서 언제 어떻게 발현될지 전혀 예측할 수 없는 능력이다. 오늘 당장 내가 이걸 잘 한다고 해서 그것이 평생 갈지는 아무도 모른다. 반대로 전혀 예측하지 못한 능력을 어느 순간 발견하게 될지도 모를 일이다. 스무 살까지만 해도 자신은 화가가 될 것이라 믿어 의심치 않던 파스퇴르가 세균학의 선구자가 될지 누가 알았겠는가. 그것은 파스퇴르 자신조차 예상치 못한 일이었다. 이처럼 잠재력의 실체가 무엇인지 모를진대, 어떻게 인위적으로 개발할 수 있단 말인가.

오히려 발달론자들은 특히 유년시절, 아이에게 함부로 어떤 자극을 주며 무언가 개발시키려 드는 게 오히려 아이의 자연 발생적인 뇌 발달을 막고 잠재력마저 사장시킬 수 있다고 경고한다. 사람의 뇌가 유년시절에는 어떤 외부적인 자극에 의해 발달하는 게 아니라 자기에게 필요한 학습 자극을 스스로 찾기 때문에 그냥 가만히 내버려 두고 방해 요소만 없애 주어도 충분하다는 것이다.

만일 에디슨이나 아인슈타인이 지금과 같은 환경에서 자라났다면 어땠을까. 아인슈타인의 경우 수학에서만큼은 특별한 재능을 보였는데 만일 그를 어린 시절부터 영재라고 규정짓고 이것저것 강요했더라면 성격상 그는 공부를 포기했을지도 모른다. 이것은 훗날 아인슈타인이 했던 말을 통해 충분히 유추해 볼 수 있다. 그의 취미는 바이올린 연주와 요트 조종이었는데, 그는 "물리학자는 배관공처럼 단순하고 실질적인 노동으로 살아가야 하며, 나머지 여가에 학문을 연구하는 것이 옳다"고 말하고 다녔다. 이 말을 들은 배관공조합에서 기뻐하며 그에게 명예조합원 자격을 주었을 정도다.

에디슨의 경우도 마찬가지다. 모 방송국에서 영재에 관한 프로그램을 제작한다며 내게 이런 질문을 한 적이 있다.

"에디슨이 만일 지금과 같은 환경에서 좀 더 제대로 된 교육을 받았더라면 더 많은 발명을 하지 않았을까요?"

나는 그 즉시 아니라고 대답했다. 그가 죽을 때까지 발명에 매진할 수 있었던 원동력은 그의 천부적인 재능보다는 어릴 때 주변의 시선으로부터 그를 보호하고 그의 능력이 발현되길 끝까지 기다려 준 어머니에게 있다. 어린 시절 어머니로부터 세상에 대한 신뢰와 스스로에 대한 자신감을 얻은 에디슨은 그 힘을 기반으로 마지막까지 연구에 몰두할 수 있었다.

단언컨대 어린 시절 에디슨이 지금과 같은 영재 신드롬에 휩쓸렸더라면 결코 인류사에 길이 남을 위대한 발명가가 되지 못했을 것이다. 그의 뇌가 외부의 스트레스에 견디다 못해 발달을 거부했을 것임이 분명하기 때문이다.

그런데 재미있는 건 통계적으로 볼 때 이러한 'Late Bloomer'들이 영재보다 훨씬 많다는 사실이다. 그러므로 우리가 영재 신드롬에 빠지면 빠질수록 무궁무진한 잠재력을 지닌 제2의 아인슈타인들이 입을 피해는 더 커질 수밖에 없다.

이 땅에 살고 있는 대부분의 아이들은 평균 이상의 능력을 갖고 있고, 이를 기반으로 충분히 행복하게 살 수 있다. 그런데 영재 신드롬은 부모들로 하여금 자신의 아이가 영재에 속하지 않는다는 사실에 불안감을 느끼도록 조장한다. '자극을 주지 않고 가만히 두는 것은 아이를 더 망치는 지름길이 될 수 있다'고 은근히 협박하면서 말이다. 그 덕에 아무런 죄 없는 아이 또한 스스로 남과 비교해서 위축감을 느끼게 만든다. 가장 큰 문제는 그러는 동안 아이의 가능성은 점점 더 사라져 간다는 것이다.

치료는 빠르면 빠를수록 좋다. 병이 더 번지기 전에 이 땅의 'Late Bloomer'들을 위해, 그리고 그들을 키우는 부모들을 위해 이제는 영재 신드롬의 허상에서 벗어나자. 영재는 없다. 다만 잠재력이 풍부한 내 아이가 있을 뿐이다. 그러므로 '내 아이만 뒤처지면 어쩌나, 나도 시켜야 하는 게 아닐까'라는 생각이 들 때마다 항상 기억하라. 당신의 아이가 바로 'Late Bloomer'일지도 모른다는 사실을.

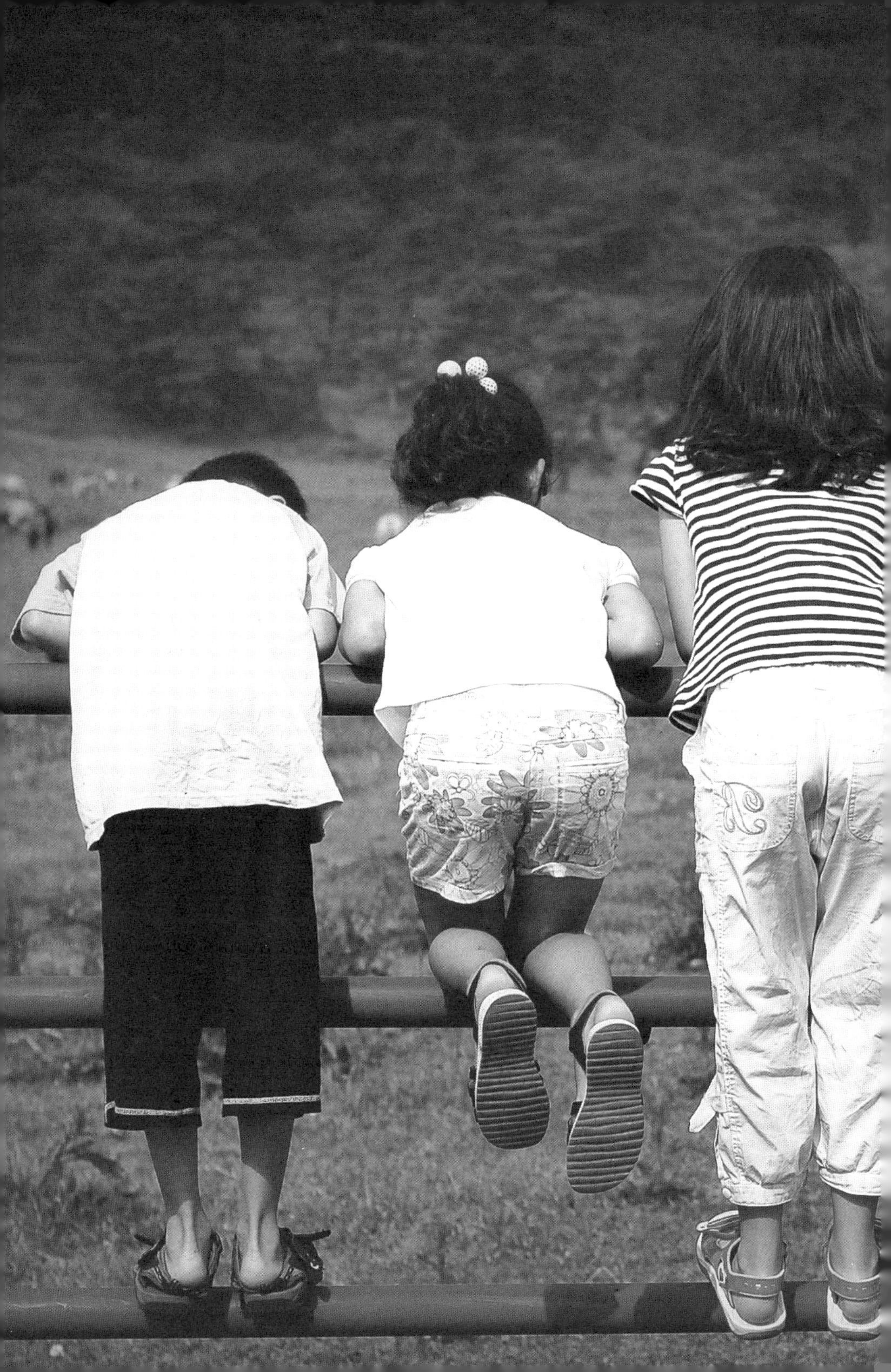

chapter 3
아이마다 맞는 학습법이 따로 있다

모든 아이들에게 통용되는 학습법이란 없다.
그래서 옆집 아이한테는 큰 성과를 거둔 학습법이
내 아이에게는 치명적인 독이 될 수도 있다.

당신은 지금 아이에게
무엇을 가르치고 있는가?

● 　학창 시절 내 영혼이 머물렀던 곳, 그곳은 학교가 아니라 책 속이었다. 초등학교 4학년 때 나는 몸이 너무 아파 자주 학교를 쉬어야 했다. 신나게 뛰놀고 싶은데 그러지 못하니 얼마나 속상했겠는가. 어머니는 내가 심심할까 봐 유명한 고전들을 잔뜩 사다 주셨고, 어느새 나는 그 책들 속에 파묻혀 지내게 되었다. 나는 더 이상 우울하지 않았다. 책이라는 재미있고 유익한 친구가 내 곁에 있어 주었기 때문이다. 후에 다시 학교에 나가고, 중·고등학교에 진학하게 되었지만 여전히 나에게 있어 가장 행복한 시간은 책을 읽는 시간이었다. 누가 그랬던가. 아는 것은 좋아하는 것만 못하고, 좋아하는 것은 즐기는 것만 못하다고.

　나는 그처럼 책과 벗하면서 자연스럽게 인간에 대해, 삶에 대해, 그리고 나의 미래에 대해 고민하기 시작했다. 인간을 이해하고, 삶의 기본 바탕이 되는 것들을 알아 가고, 그것을 통해 내 앞으로의 삶을 진지하게 그려 보았던 것이다.

특히 도스토예프스키Dostoevskii의 『죄와 벌』을 인상 깊게 읽던 나는 인간의 굴레에 대해 생각하다가 문득 나 자신의 굴레는 무엇일까 고민하게 되었다. 결론은 '한국이라는 나라에서 여자로 태어난 것'. 나는 그때 그 굴레로부터 조금이라도 자유로워질 수 있는 일을 갖겠다고 마음먹었고, 그래서 생각한 직업이 의사였다.

원래 다방면에 관심이 많았던 나는 학교 시험이 지겨워 공부하기를 싫어하는 편이었다. 하지만 의사가 되기 위해 일단 우수한 성적이 필요하다는 목적이 생기자 자연히 공부를 열심히 하게 되었다. 좀 더 정확히 말하면 시험용 공부의 특성을 파악하고, 예상 문제를 뽑아 보는 일에 능숙해졌다는 게 맞을 거다. 학교 성적을 올리는 공부와 진정으로 나의 내적인 사고력을 키워 가는 공부는 다르다는 것을 깨달았기 때문이다.

나는 학습을 '살아가는 방식(a way of life)', 즉 세상과 부딪치고 거기에 적응해 나가는 방식을 배우는 것이라고 생각한다. 보통 엄마들은 학습이라고 하면 머리라는 창고에 새로운 지식을 채우고 보존하는 것으로만 생각한다. 하지만 생각해 보라. 머리에 온갖 지식을 쌓으면 뭐하겠는가. 새로운 상황에 놓였을 때, 그 동안에 쌓아 둔 많은 지식을 활용하여 주체적으로 해결해 나가지 못하면 헛공부한 거나 다름없다.

그런 의미에서 볼 때 학습은 결코 책상머리에 앉아 반짝 공부한다고 해서 얻어지는 게 아니다. 학습은 결국 주변으로부터의 자극, 그에 대한 수용, 끊임없는 사고를 통해 평생 얻어 가야 할 성질의 것이다.

학습의 의미를 짚어 보는 이유는 21세기는 평생 학습, 즉 끊임없는 배움이 필요한 시대이기 때문이다. 좋은 대학이 미래를 약속하던 시대는 어차피 지나갔다. 그것은 곧 나이가 든다는 것이 특권과 안정을 의미했던 시대가 사라졌음을 의미한다.

1960년대에 이미 지식 기반 사회를 예견했던 경영학의 대가, 피터 드러커Peter F. Drucker. 그는 『프로페셔널의 조건』이라는 책에서 이렇게 말했다.

> 지식이 사회의 중심이 되면서 우리는 산업혁명, 생산성혁명의 시대를 지나 세 번째 역사의 경계인 경영혁명기를 지나고 있다. 경영혁명기에서는 일반 지식보다는 전문화된 지식이 필요하다. 또한 지식 근로자들은 어떤 고용기관보다도 점점 더 오래 살 것이고, 따라서 한 가지 이상의 여러 직업을 가질 준비를 해야만 한다. 단 하나의 과업과 단 하나의 경력만으로 안 되고 그 이상을 준비해야만 한다. 오늘날에는 가장 평범한 사람, 다시 말해 평균적인 보통 사람마저도 자기 자신을 관리하는 방법을 배워야만 할 것이다.

도태되지 않기 위해서 끊임없는 배움을 통해 자기 관리를 해야만 하는 사회, 그것이 바로 우리 아이들이 살아가야 할 앞으로의 세상인 것이다. 평생 학습 시대를 살기 위해 아이들에게 지금 필요한 것은 힘들고 위험한 세상과 맞서 자신의 뜻대로 나아갈 수 있는 튼튼한 무기이다. 당신은 사랑하는 아이에게 어떤 무기를 들라고 가르칠 것인가? 혹시 낡은 무기로 무장할 것을 강요하고 있는 것은 아닌가? 아니면 혹시 무기를 드는 것조차 무서워하는 의존적인 아이를 만들고 있는 것은 아닌가?

내가 살아오면서 단 한 번도 후회하지 않은 게 있다면 학창 시절 학교 공부보다 독서에 더 많은 비중을 두고 살았던 것이다. 독서의 중요성을 새삼스레 설파하려는 게 아니다. 내가 책을 통해서 절대로 흔들리지 않고 세상과 맞서 이기는 공식을 찾았다는 사실을 말하고 싶은 거다. 사랑하는 두 아들 경모와 정모가 어떤 경험 속에서 어떤 식으로 이기는 방식을 찾아낼지는 모른다. 그건 아이들 각자의 몫이기 때문이다.

하지만 나는 다음과 같은 세 가지 무기를 가진다면 더 빨리 이기는 공식을 찾고, 자신의 꿈을 세상 속에서 두려움 없이 펼칠 수 있지 않을까 생각한다.

굿 셀프 이미지를 갖게 하라

언젠가 『내게는 아직 한쪽 다리가 있다』라는 책을 읽은 적이 있다. 그 책은 만 열 살이 되기 전에 암과 싸우다 아깝게 세상을 떠난 대만의 주대관周大觀이라는 소년의 이야기였다. 오른쪽 다리에 생긴 암세포 때문에 다리를 잘라 냈지만 암은 그 소년의 표현대로 '악마'처럼 달라붙어 떨어지지 않았다. 그때 그 소년은 이런 시를 썼다.

베토벤은 두 귀가 다 멀었고

두 눈이 다 먼 사람도 있어

그래도 나는 한쪽 다리가 있잖아

난 지구 위에 우뚝 설 거야

헬렌 켈러는 두 눈이 다 멀었고

두 다리를 다 못 쓰는 사람도 있어

그래도 나는 한쪽 다리가 있잖아

난 아름다운 세상을 다 다닐 거야

한쪽 다리를 잃어버렸을 때, "그래도 나는 한쪽 다리가 있잖아"라고 말한다는 것은 쉬운 일이 아니다. 단지 '불편함'이란 말로 치부해 버리기엔 상실의 고통이 너무도 크기 때문이다. 게다가 그 소년은 채 열 살도 되지 않은, 스스로 감정과 상황을 컨트롤할 수 있을 힘이 없는 나이가 아니었던가.

나는 그 소년이 남긴 시를 읽으며 '굿 셀프 이미지good self-image', 즉 자기 자신에 대한 긍정적인 이미지가 얼마나 중요한가를 새삼스레 깨달았다. 심리학에서 굿 셀프 이미지는 자신에 대한 믿음과 더불어 세상에 대한 자신감과 연결된다. 왜냐하면 그런 사람일수록 자기 앞에 펼쳐진 상황과 관계없이 자신에게 주어진 삶의 기회를 잘 이용하기 때문이다. 특히나 복잡하고 힘든 상황이 되면 굿 셀프 이미지는 막강한 힘을 발휘한다.

　우선 그들은 '할 수 있다!'라는 기본적인 마인드를 갖고서 상황을 회피하지 않고 당당하게 그 중심에 서서 문제를 해결한다. 그들에게 실패에 대한 두려움은 없다. '실패하면 어떠냐, 다시 일어서면 되지'라고 생각할 만큼 자기 자신을 굳게 믿기 때문이다. 그들은 성공보다 실패와 더 친숙해질 용기를 가지고 있기에 결국엔 성공할 수밖에 없다.

　주대관을 보라. 그 소년은 암이라는 악마와 싸우면서조차 단 한 번도 살 수 있다는 희망을 버리지 않았다. 그렇기 때문에 한쪽 다리를 잃었지만 나머지 한쪽 다리로 아름다운 세상을 다닐 거라고 말할 수 있었던 거다. 만약 그가 '배드 셀프 이미지bad self-image'를 가지고 있었다고 생각해 보자. 그러면 아마도 나머지 한쪽 다리가 있다는 사실보다 한쪽 다리를 잃은 상실감에 젖어 짧은 인생의 마지막 나날들을 절망 속에 보냈을 것이고, 암이라는 악마와 싸우겠다는 의지를 표명하는 대신 부모에게 아픔을 호소하며 죽는 게 두렵다고 말했을 것이다.

　하지만 그는 죽는 순간까지 당당했다. 이젠 어쩔 수 없을 것 같다는 의사의 말에 "지금까지 돌봐 주셔서 감사합니다"라고 말해 주위 사람들을 숙연하게 만들었을 정도다.

　굿 셀프 이미지의 중요성은 공부에도 똑같이 적용된다. 공부는 장애물 경기와 같다. 새로운 자극을 자기 것으로 만드는 어려운 과정이기 때문이다. 본격적인 공부는 보통 초등학교에 들어가면서 시작되는데 이때는 수업 시간을 참아 내는 것만으로도 힘이 든다. 그 장애물을 건

넘다 싶으면 고학년에 올라가서는 공부의 깊이가 갑자기 깊어지면서 추상적 사고력이 발달하지 않은 아이들은 괴로움을 맛볼 수밖에 없다. 중학교에 들어가면 사정은 더욱 악화된다. 공부의 양이 방대해지면서 스스로 계획을 짜서 공부를 해야만 하기 때문이다.

공부라는 장애물의 특성은 그 높이를 누구도 모른다는 것이다. 아주 어려운 수학 문제를 접했다 치자. 이때 굿 셀프 이미지를 가진 아이들은 기본적으로 '난 할 수 있어'라는 생각을 가지고 있기 때문에, 결코 그 높이에 짓눌리지 않고 어떻게든 문제를 풀어 보려고 한다. 하지만 셀프 이미지가 좋지 않은 아이들은 문제를 풀어 볼 엄두를 못 낸다. 그저 '난 못해'라는 생각으로 뒷걸음질치고 만다. 그러므로 굿 셀프 이미지는 공부라는 장애물 경기에 있어서 가장 중요한 역할을 한다고 해도 과언이 아니다.

나는 확신한다. 당신의 아이가 굿 셀프 이미지를 갖도록 도와준다면 그것이 바로 당신이 남긴 가장 훌륭한 유산이 될 것임을.

공부가 즐거운 것임을 가르쳐라

아이큐 136의 초등학교 3학년 여자아이가 있었다. 나는 그 애가 굉장히 똑똑하다고 결론을 내렸는데 그 엄마 말은 달랐다. 다른 애랑 비교해서 너무 모자라다는 거다. 그런 얘기를 하는 엄마를 애는 시큰둥한 표정으로 바라보고 있었다. 그 아이를 보고 있자니 말문이 막혔다. 보통 아이 같으면 그럴 때 자기에 관해 나쁜 얘기를 한다고 화를 내거나 울상이 될 거다. 그런데 그 아이는 세상 다 산 사람처럼 표정에 아무런 변화가 없었다. 내겐 그게 적신호로 보였다.

알고 보니 그 아이는 너무 어릴 때부터 감당할 수 없을 만큼의 공부에 시달려 왔었다. 아빠는 외국에 나가 있어 엄마 혼자 아이를 키우고 있었는데, 기대가 너무 컸다. 방학이 되면 그 엄마는 아이더러 독후감을 하루 3개씩 쓰게 했다. 내가 너무 놀라서 애한테 무슨 공부를 그렇게 많이 시키느냐고 했더니 아무렇지도 않은 얼굴로 말하길, 다른 아이들도 방학 동안에 최소한 50권 정도는 읽는단다. 그 한마디로 나는 그동안 아이가 어떻게 살아왔을지 단박에 알아차렸다.

상담이 계속됐지만 그 아이는 좀처럼 자신의 마음을 열지 않았다. 그래서 나는 할 수 없이 엄마를 내보내고 아이와 따로 대화하는 방식을 취했다. 아무리 하찮은 말이라도 일일이 대꾸해 주며 아이의 마음을 달래기를 며칠,

"선생님이 얘기를 하면 그래도 엄마가 조금 들어요, 내 말은 그렇게 안 들으면서."

내 귀를 번쩍 뜨이게 하는 말이었다. 나중에 무슨 말 끝엔가 내가 다시 물었다.

"너는 어쩌면 그렇게 똑똑하니?"

그러자 아이가 다시 되물었다.

"선생님, 제가 정말 똑똑해요?"

"선생님은 거짓말 안 해."

"하긴, 저 선생님이 쓰신 책 좀 봤어요."

잠깐 섬뜩해지는 느낌. 정말 애답지 않았다.

"선생님, 왜 날 도와주시나요?"

"내 눈엔 네가 행복해 보이지가 않아. 너는 똑똑하고 너희 집도 잘 살고 엄마도 계신데 말이야."

잠시 침묵이 흘렀다. 몇 분이 지났을까. 그 아이는 너무나 충격적인 말을 아무렇지도 않게 내뱉었다.

"선생님 말이 맞아. 난 짜증이 나요. 세상에 재미있는 게 하나도 없어……."

세상에 대한 아무런 지식이 없는 어린아이들은 24시간 내내 끊임없이 새로운 것들을 배우고 받아들인다. 주변을 둘러싼 모든 것들을 왕성한 호기심으로 살펴보는 것이다. 타고난 탐험가인 아이들은 뭔가 새로운 것을 보면 어른들처럼 그냥 바라보는 것으로 끝내는 법이 없다. 그것을 연구하고 시험해 보면서 그것에 대해 알려고 한다. 입으로 넣어 보고, 그 위에 서 보고, 떨어뜨려도 보고, 따라다니며 관찰도 해 보고, 멀리 던져도 보면서 그게 뭔지 알 때까지 탐험을 그치지 않는다. 한 시간 내내 뛰어다니고도 더 놀고 싶다고 떼쓰거나, 자신이 갖고 싶은 것을 끝내 가질 때까지 집요하게 집착하는 아이들을 보고 있노라면 그 지칠 줄 모르는 에너지가 어디에서 나오는지 신기할 정도다. 물론 자신이 흥미를 못 느끼는 일에는 꼼짝도 안 하지만 말이다.

솔직히 고백하자면 나는 아이들의 그런 열정이 부럽다. 어디서 그런 힘이 나오는지, 같이 돌아다녀도 두 아들은 쌩쌩하고 나만 피곤해 하는 걸 느낄 때면 더욱 그런 생각이 든다. '내가 아이들처럼 삶에 대한 열정과 에너지를 가지고 살 수 있다면 인생이 힘들다거나, 지쳤다는 말은 나오지 않겠다'고 혼잣말을 하면서 말이다.

그렇다. 어린아이들은 세상을 모른다. 그래서 아이들은 세상에 대해 기본적으로 무궁한 호기심을 가지고 있고, 모르는 것에 대해 알고 싶다는 열성을 지니고 있다. 그런데 세상이 재미없다고 느끼는 그 아이. 그 꼬마에게는 어린이다운 열정과 에너지가 조금도 남아 있지 않았다. 무엇이 그 아이를 세상이 재미없고 따분하다고 여기게 만들었을까. 나는 몹시도 안타까웠다. 왜냐고? 내가 나이가 들면서 깨달은 것이 있기 때문이다.

'열정이 식어 버린 삶은 죽음과도 같다.'

상담을 계속하다 보니 그 아이의 문제가 너무나 과도한 공부로 인한 스트레스에서 오는 것임이 분명히 드러났다. 그 아이에게 공부는 짜증 나고, 힘들고, 하기 싫지만 엄마가 시키니까 할 수 없이 해야만 하는 것이었다. 그 때문에 생긴 스트레스는 아이가 가시고 있던 호기심을 조금씩 갉아먹었고, 결국에는 아이로 하여금 무엇이든 생각하는 것 자체를 싫어하게 만들어 버렸다.

나는 잠시 그 아이의 미래를 생각해 보았다. 원체 똑똑한 아이이니까 억지 공부라도 해서 좋은 성적을 받을는지 모른다. 하지만 중요한 것은 나중에 그 아이 혼자 세상과 맞서야 한다는 사실이다. 그럴 때 되고 싶은 것이 없고, 하고 싶은 것이 없고, 다만 재미없는 세상이라고 생각한다면 무엇을 할 수 있겠는가.

나는 그 아이를 보며 리처드 파인만Richard Phillips Feynman의 이야기가 떠올랐다. 인간이 만든 이론 가운데 가장 정확한 이론이라는 양자전기역학으로 노벨상까지 받은 미국의 물리학자 리처드 파인만.

어린 시절 그의 아버지는 어린 파인만을 가까운 산으로 데리고 나가 새의 이름을 가르쳐 주었다. 하지만 남들처럼 이름만 알려준 게 아니었다. 오히려 이름만 아는 것은 진짜 아는 게 아니라고 가르쳐 주었다. '기생寄生'이라는 어려운 낱말을 외우게 하기 보단, 새가 깃털 쪼는 것을 같이 관찰하며, 자기 깃털 속에 붙어사는 이를 쪼아 먹는 새의 습성을 알려주었다.

파인만의 아버지는 무엇이 알맹이고 무엇이 껍데기인 줄 알았던 거다. 그래서 그는 강요나 억압으로 습득한 일회성 지식이 아닌 살아 있는 참 지식을 아들에게 가르칠 수 있었다. 그러니 파인만에겐 공부가 스트레스는커녕 즐거움이었고, 파인만 역시 자신의 아들과 딸에게 그 즐거움을 물려줄 수 있었다.

왜 우리나라 부모들은 파인만의 아버지처럼 공부가 즐겁다는 사실을 알려주지 못할까? 아니 그렇게 못 할지언정 왜 억지로 공부를 시켜서 오히려 공부 자체를 싫어하게 만들까? 나는 그 아이를 그냥 내버려 두었더라면, 엄마가 극성맞게 다그치지 않았더라면, 오히려 어린아이 특유의 호기심과 에너지로 더 많은 것들을 즐겁게 배워 갔을 거라고 확신한다.

　공부를 시킬 거라면 우선 공부를 즐거워하게 만들어라. 괜히 억지 공부를 시켜서 원래 가지고 있던 호기심마저 빼앗지 말란 말이다. 당신의 아이가 꿈이 없는 아이로, 삶에 대한 열정이 없는 아이로 자라기를 바라지 않는다면.

위기관리법을 가르쳐라

오래 전 일이다. 어느 날 집에 돌아와 보니 평소와 달리 집안 분위기가 무척 침울했다. 유모 할머니에게 무슨 일이냐고 물어보니 말없이 경모를 가리켰다. 평소 같으면 엄마가 왔다고 신나게 달려 나올 아이가 웬일인지 심각한 얼굴로 소파 위에 앉아 있었다.

　"학교에서 못된 놈한테 해코지를 당했다는군, 글쎄."

　학교 폭력이 심각하다고는 하지만 우리 아들이 직접 겪을 거라고는 꿈에도 생각지 못했다.

　"경모야, 엄마한테 무슨 일인지 얘기해 봐."

　그제서야 고개를 든 경모가 봇물 터지듯 얘기를 꺼냈다. 학교가 끝난 다음 아이들과 놀고 있는데 웬 아이가 자기를 빤히 쳐다보더란다. 왜 그러나 싶어 자기도 힐끔 그 아이를 보는 순간 서로 눈이 마주쳤다나. 그런데 갑자기 그 아이가 다가와서 "너 뭐야?" 그러더니 "나 좀 보자"고 끌고 가서 경모의 목을 움켜쥐었다. 그러자 경모는 그 아이에게 왜 그러느냐고 따졌다.

그런데 그게 도화선이었다. 작정을 하고 그랬는지, 아니면 경모의 반항(?) 때문이었는지 모르겠지만, 그 아이는 경모가 그동안 애지중지 아껴 온 만화 캐릭터들을 몽땅 빼앗아 갔다.

아이 말을 듣는 것만으로 나는 가슴이 뛰었다. 그만하길 천만다행이다 싶으면서도 아이가 놀랐을 것을 생각하니 마음이 아팠다.

"우리 경모가 많이 속상했겠구나. 어디 다친 데는 없니?"

아이 몸을 살펴보니 여기저기 살짝 긁힌 자국은 있어도 크게 다친 데는 없었다. 한숨을 돌리는데 문득 그날이 경모가 학원에 가는 날이라는 생각이 들었다. 하지만 이 상황에서 학원 공부가 무슨 소용이랴. 일단 쉬게 해야겠다고 마음을 먹는데 경모가 슬그머니 자리에서 일어났다.

"나 학원 가야 해요."

"아니 오늘은 학원 안 가도 돼."

잠자코 있던 경모가 이내 고개를 젓는다. 그러더니 말없이 방에 들어가 주섬주섬 가방을 챙겼다. 안쓰러운 마음에 말리고 싶었지만 아이 표정이 너무 진지해서 가만히 있었다.

아이를 학원에 보내고 나니 별의별 생각이 다 들었다. 이걸 학교에 가서 말해야 하나, 아니면 내가 수소문을 해서 직접 부모를 만나 담판을 지어야 하나. 하지만 그보다 더 중요한 건 경모의 앞으로의 태도였다. 혹시 이번 일로 아이가 학교 가는 걸 두려워하면 어쩌나 싶어 몹시 걱정스러웠다. 그래서 나는 경모가 학원에서 돌아오기를 기다렸다가 슬쩍 물었다.

"경모야, 너 이제 어떻게 할 거니?"

무엇보다 아이의 마음가짐이 중요했다. 아이의 대답에 따라 내가 어떻게 할지 결정을 내릴 요량이었다.

"엄마 조금만 기다려 봐. 내가 어떻게 할지 있다가 알려 줄게."

그러더니 경모는 제 방으로 들어갔다.

당시 초등학교 4학년인 경모는 여러모로 불안정한 나이였다. 이제 막 사춘기 문틱에 들어서서 여러 가지 생각도 많을 테고, 자기 자신에 대해 진지한 물음도 던져 볼 때였다. 이때는 무엇보다 아이 스스로 자기 자신에 대해, 세상에 대해 긍정적인 마인드를 갖는 게 중요하다. 모양이 다 완성된 도자기라도 불가마니 속에 들어가기 직전에 흠집이 나면 영원히 복구될 수 없듯 경모가 그런 상황이었다. 평생의 상처로 남을 것인가, 아니면 극복하고 더 단단해질 것인가.

도저히 가만있을 수 없어 경모의 방문을 열었다. 경모는 종이 한 장을 펼쳐 놓고 무언가 열심히 적고 있었다.

"뭘 적고 있니?"

"응, 계획표 적었어. 이제 다 적었으니까 엄마가 한번 봐 주세요."

순서까지 매겨 가며 빽빽이 채워 넣은 글은 대략 이런 내용이었.

'그 아이는 근처 다른 학교의 축구부 옷을 입고 있었다. 그러니 그 학교 축구부를 찾아간다. 거기 선생님을 통해 그 아이 이름과 학년, 반을 알아낸다. 그 다음에 선생님이나 엄마에게 알려 준다.'

어른인 내가 봐도 기가 막힐 만큼 논리적이었다. 경모에게 언제 그런 능력이 생긴 걸까.

"알려 준 다음에는 어떻게 할 건데?"

"그때 가서 생각해 볼래요."

일단 여기까지 마무리한 다음, 귀추를 지켜보겠다는 거였다. 더 놀라운 것은 그 다음이었다. 경모는 진짜로 차근차근 하나씩 그것들을 실행에 옮겼다.

그 학교 축구부를 찾아갔는데 선생님이 자리에 없더란다. 그래서 축구부 학생들에게 그 아이의 인상착의를 설명하고 누구인지 물어보았는데, 그 아이는 이미 축구부를 그만둔 상태였다. 하지만 일이 의외로 쉽게 풀려 그 자리에서 그 아이가 사는 곳까지 알 수 있었단다.

말을 마친 경모가 내게 쪽지 한 장을 내밀었다. 그 안에는 아파트 동과 호수가 적혀 있었다. 그 아이는 근처 아파트에 살고 있었다.

"내가 가는 게 좋을까? 엄마가 가는 게 좋을까?"

침착하게 묻는 아이에게 나도 진지하게 되물었다.

"왜 찾아가야 한다고 생각하니?"

경모 말이 그랬다. 생각해 보니 자기 말고 다른 아이들도 비슷한 일을 당할 수 있다는 거였다. 또 그건 절대 옳은 일이 아니니까 막아야 하고, 그게 그 아이를 위해서도 좋을 거라고 했다. 순간 나는 이 사태가 아직 해결이 되지 않았음에도 불구하고 마음이 놓였다. 그건 '우리 아이 다 컸다, 대견하다'는 차원이 아니었다. 내가 그때 경모에게서 발견한 것은 위기에 대처하는 능력이었다.

그동안 나는 경모를 지켜보며 사실 가슴 한구석에 늘 걱정스런 마음이 있었다. 모두들 이구동성으로 말하지만 지금 우리가 살아가는 세상은 당장 한치 앞을 예측하기가 어렵다. 변화의 속도가 너무 빠르기 때문이다. 그래서 미래 사회에서는 위기가 찾아왔을 때, 그걸 제대로 소화하여 역으로 활용할 줄 아는 지혜가 꼭 필요하다. 즉 위기가 닥쳤을 때 그 상황을 정확히 직시한 다음, 그것을 논리적인 사고력으로 분석하고, 어떻게 해결할지 방안을 찾아 마지막으로 실행에 옮기는 능력, 다시 말해 위기에 대처하는 능력이 무엇보다 중요하다는 말이다. 내가 당시 경모의 태도를 보고 발견한 것이 바로 '위기관리법'이었다.

경모는 세상에 태어나 처음 그런 일을 당했다. 아마도 개인적으로 엄청난 충격이었을 게다. 그렇지만 경모는 그 순간 침착했다. 그리고 자신이 처한 상황을 객관적으로 바라보고 판단한 다음, 논리적으로 그 해결 방법을 찾아갔다.

그런 경모를 보며 나는 경모가 어른이 되어서 최소한 굶어죽지는 않겠구나, 적어도 제 몫을 해내는 사람이 되겠구나 하는 안도감을 느꼈다. 평소 경모에게 스스로 문제를 해결하게끔 유도했던 것이 이렇게까지 발전한 것이었다. 아마도 경모는 자라서 무슨 일을 하던 간에 그때처럼 슬기롭게 대처해 나갈 것이다.

그러므로 내 아이가 "엄마 어떻게 해?" 하고 물어 오거든 무조건 덮어놓고 "엄마가 해 줄게" 하고 다가서지 말라. 오히려 아이가 제 스스로, 논리적으로 문제를 풀어가게끔 격려해 주고 다독여 주어라. 현명한 위기관리법은 아이가 앞으로 세상을 살아감에 있어 꼭 갖춰야 할 중요한 무기 중의 하나니까.

아이마다 맞는 학습법이 따로 있다

　　언젠가 둘째인 정모가 미술 대회에 나가 상을 받아 왔다. 대회에 나갔는지도 몰랐는데 갑자기 내 앞에 상장 하나를 불쑥 내미는 거였다.

"엄마, 나 잘했지?"

"응, 잘했어."

"그리고?"

"잘했냐고 물어봐서 잘했다고 말해 줬잖아. 그런데 또 뭐?"

　　정모의 입이 삐죽 나온다. 뭔가 마음에 들지 않았을 때 나오는 버릇이다.

　　물론 상을 받아 왔으니 장하다고 더 칭찬해 주고 하다못해 안아 주기라도 할 법했다. 하지만 나는 더 칭찬해 주지도, 쓰다듬어 주지도 않았다. 아이 얼굴에 서운한 표정이 역력했지만, 내가 그렇게 한 데는 그럴 만한 이유가 있었다.

"정모, 너 대회에 왜 나갔니?"

"상 받으려고."

예상했던 대로였다. 정모는 대회에 나가서 상을 받으면 남에게 자랑하고 칭찬받을 수 있다는 사실을 너무나 잘 알고 있었다. 그리고 그렇게 해서 자기가 남보다 뛰어나다는 사실을 인정받고 싶어 했으며, 그런 상황을 무척이나 즐겼다. 미술 대회에 나간 것도 바로 그런 의도에서였다. 아마도 정모는 유치원에서 선생님들로부터 꽤나 칭찬을 듣고 친구들의 부러움도 샀을 것이다.

정모의 그런 태도는 학습을 하는 데 있어서도 마찬가지였다. 처음 피아노를 배우겠다고 떼를 썼을 때도 그랬다. 피아노를 잘 치면 유치원 선생님으로부터 칭찬을 받을뿐더러, 친구들 앞에서 뽐낼 수 있다는 걸 진작 파악하고 있었던 거다.

그게 나쁘다는 건 아니다. 뭔가 잘해서 칭찬을 듣고 그로 인해 자랑스러움을 느끼는 건 오히려 북돋우고 격려해야 할 일이다. 하지만 정모에게 있어 그것은 그리 단순한 문제가 아니었다.

평소 정모는 남의 시선을 너무 의식했다. 남보다 앞서고 싶은 마음에 무슨 일이든 잘해야 한다는 강박관념을 갖고 있었다. 그리고 무언가를 해냈을 때 그게 칭찬이 됐건, 상이 됐건 반드시 대가가 따르길 바랐다. 이것을 뒤집어 생각해 보면 무엇이든 보상이 있어야만 움직인다는 걸 뜻한다.

나는 정모가 세상을 배우고 무언가를 학습하는 데 있어 그런 자세가 매우 위험하다고 생각한다. 행여 제 생각대로 세상이 움직여 주지 않았을 때 아이가 받게 될 마음의 상처가 얼마나 클 것인가.

뿐만인가. 그렇게 남보다 앞서는 데만 집착하다 보면, 결국 스스로 생각하고 고민하는 데서 키워지는 창의성은 그만큼 뒤떨어질 게 자명했다. 결국 정모의 그런 태도는 스스로에게 방해 요소로 작용할 따름이었다.

미술 대회에서 상을 받았다는 말을 듣고도 그저 모르는 척 넘기는 엄마를 보고 정모는 아마 무척 서운했을 게다. 그럼에도 불구하고 나는 정모에게 끝까지 시선을 주지 않았다.

그런데 형과의 경쟁에서 비롯된 정모의 그런 태도는 쉽게 고쳐지지 않았다. 칭찬받을 만한 일은 무엇이든 다 하려고 들고, 남이 뭔가 잘한다 싶으면 기를 쓰고 자기도 하려고 들었다. 때문에 나는 정모에게만큼은 무엇이든 덜 시키고 말리는 데 주력했다. 그리고 그 시간에 정모가 주변이 아닌 자기 자신에 대해 관심을 갖고 혼자 생각할 여유를 갖도록 유도했다. 제 형을 따라 영어 공부를 하겠다고 떼를 쓰는 정모에게 "너 그거 안 해도 괜찮아. 엄마는 네가 그거 잘한다고 좋아할 것 같지 않아" 하며 말이다.

칭찬을 받기 위한 학습, 보상을 바라는 학습은 아이에게 결코 장기적인 처방이 되지 못한다. 제가 정말 좋아서 할 때, 그리고 자기 안에서 진정한 성취감을 느낄 때 비로소 그 학습은 빛을 발하게 마련이다.

미술 대회 일로 별다른 칭찬을 안 한 대신, 나는 큰아이 경모에게 상을 줄 때 그와는 아무 상관없는 정모에게도 함께 상을 줬다. 형을 가장 큰 경쟁 상대자로 생각하던 정모에게, 형이 이겨야 할 대상이 아닌 더불어 나아갈 존재라는 걸 가르쳐 줌으로써 형과의 경쟁 심리에서 해방되길 바라서였다. 쓸데없는 과잉 경쟁으로 스스로에 대한 자신감을 잃어버리면 안 되니까 말이다.

그런데 참 재미있게도 큰아들 경모는 이와 정반대다. 자기만의 세계에 흠뻑 빠져 주변 사물에 도통 관심이 없고 무슨 일이든 일단 싫다고 고개부터 흔든다. 상이나 칭찬도 원체 남들의 시선을 부담스러워하는 경모에겐 별로 달가운 게 아니다.

아마 경모는 누가 미술 대회에 나가 보라고 하면 벌써 줄행랑을 쳤을 거다. 그리고 행여 대회에 나갔다손 치더라도 누구에게나 인정받는 그림을 그리기 보다는 제 맘에만 들면 그만인 아주 독창적인(?) 그림을 그렸을 거다. 그런 경모에게 상을 받기 위해 그림을 그린다는 건 있을 수 없는 일이다.

외부 세계를 무시하고 자기만의 세계에 빠져 사는 것, 그것이 경모의 문제였다. 때문에 경모에게는 정모와 정반대의 처방이 필요했다.

나는 경모에게 외부와 교류하려는 의지를 심어 주기 위해 일부러 "네가 잘해야 상을 준다"는 식의 자극을 주곤 했다. 정모처럼 제가 하겠다고 마구 나서는 것과는 달리 무조건 안 하려 들기 때문에 기회가 될 때마다 이것저것 권한다. 둘째인 정모가 '원 스텝 비하인드'로 한걸음 뒤에서 쫓아가는 식이라면, 경모는 '원 스텝 어헤드'로 한 발자국 앞에서

끌어주는 식이다.

경모와 정모를 아는 사람들은 그런다.

"어떻게 한 핏줄에서 나온 형제가 이렇게 다를 수가 있어요?"

하지만 그건 잘 모르고 하는 소리이다. 세상에 똑같은 아이가 어디 있는가. 형제라고 해서 예외일 수는 없으며, 쌍둥이라도 마찬가지일 거다. 아이마다 발달 정도가 다르고, 타고난 특성이 다르며, 때문에 그에 따른 학습법도 제각각이다.

그래서 내가 가장 싫어하는 질문이 "언제 뭘 시켜야 하나요?"라는 식의 물음이다. 거기엔 답이 없다. 질문 자체가 틀렸다고 해야 옳을 것이다. 모든 아이들에게 통용되는 학습법이란 없기 때문이다. 아니 이 세상에는 아이들 수만큼의 학습법이 있다고 해야 맞다. 그러므로 옆집 아이한테는 큰 성과를 거둔 학습법이 내 아이에게는 치명적인 독이 될 수도 있다.

이제 우리가 할 일은 내 아이가 어떤 발달 과정에 있으며, 타고난 기질은 어떤가 먼저 파악하는 일이다. 그걸 알면 학습법이 자연적으로 보이게 마련이니까. 아이들마다 그에 맞는 학습법이 따로 있다는 사실을 절대 잊지 말자.

내 아이에게 딱 맞는
학습법 찾기

● '어디 홍경모만 하랴.'

경모를 키우는 동안 내가 식구들에게 많이 듣던 말이다. 그게 아이에 대한 칭찬이라면 얼마나 좋았을까마는 불행히도 현실은 그렇지 못했다. 그 말은 뉘 집 애가 아무리 말을 안 듣고, 공부를 안 한다고 해도 어디 경모만큼 심하겠냐는 의미였다. 오죽하면 경모를 잘 아는 주변 엄마들이, 아이 때문에 속상한 일이 있다가도 나를 떠올리며 위안을 삼았다고 했을까.

돌이켜보건대 지난 세월은 내게 있어 한 걸음 한 걸음 외줄을 타는 숨 막히는 시간들이었다.

"휴대전화는 누가 거저 줘도 안 갖겠다"고 말하던 내가 내 손으로 직접 최신형 휴대전화를 구입한 것도 경모 때문이었다. 언제 어디서 무슨 일을 벌일지 모르는 경모로 인해 늘 대기 상태여야 했기 때문이다.

"경모 때문에 전화했습니다."

아무리 마음을 다잡아도, 휴대전화 너머로 이런 말을 들을 때면 가슴이 철렁 내려앉곤 했다.

경모가 처음 유치원에 들어갔을 때부터가 시작이었다. 친구들과 어울리지 못하고 저 혼자 기차놀이만 하는 건 문제 축에도 끼지 않았다. "더러워서 싫다"며 유치원 마당에 깔려 있는 모래에 손 한 번 대지 않은 시간이 일 년. 푹푹 찌는 한여름에도 반바지 속에 내복을 입고 집을 나서는 아이가 바로 경모였다. 덕분에 나는 하루에도 몇 번씩 "죄송합니다", "조금만 기다려 주세요", "제가 타일러 볼게요"라는 말을 해야만 했다.

경모가 학교에 들어가고 나서는 더한 긴장의 나날이었다. 수업 시간에 마룻바닥을 기어 다니고 가끔씩 자기만의 세계에 빠져 딴 생각을 하는 경모. 내게는 경모가 그저 빠지지 않고 학교에 나가는 것만으로도 감사한 날들이었다.

학교 선생님들은 그랬다. 선생 노릇 할 만큼 했지만 경모 같은 애는 처음이라고, 어떻게 대해야 할지 도무지 갈피를 못 잡겠다고, 제발 이름 부를 때만이라도 선생님 얼굴을 봐 줬으면 좋겠다고.

고백컨대 내가 소아정신과를 택한 것도 사실은 경모 때문이었다. 엄마인 내가 공부를 하고 그와 비슷한 아이들을 봐 나가다 보면 내게도 무슨 방법이 생기겠지 하는 마음에서였다.

그러면서 나는 한 가지 중요한 깨달음을 얻게 되었다. 그것은 바로 '기다림'이었다. 고통을 호소하던 아이와 엄마가 다시 건강해져서 활짝 웃는 모습을 보며 '경모도 언젠가 괜찮아질 거야. 그때까지 믿고 기다리자' 다짐하게 되었던 것이다. 그래서 경모를 맡은 선생님들께도 그랬다.

"선생님, 조금만 참고 기다려 주세요."

하지만 어느 순간 나는 지친 마음에 모든 것을 놓아 버리고 싶어졌다. 경모 때문에 선택한 이 길을 또 다시 경모 때문에 포기할 생각을 한 것이다.

'다 포기하고 차라리 아이 곁에만 있자. 경모가 바라는 게 바로 그것일지도 모른다.'

물론 그 안에는 애 하나도 제대로 못 키우면서 어떻게 소아정신과 의사 노릇을 할 수 있겠는가 하는 자괴감도 없지 않았다.

새벽 나절, 여명이 비치기 직전이 가장 어둡다고 했던가. 이제 더 이상 못 기다리겠다고 생각한 순간 경모가 달라지기 시작했다. 4학년이 되면서부터 경모는 그렇게 싫어하던 공부를 제 스스로 하게 되었는데, 언젠가는 수학경시대회에서 상을 받아 오기도 했다. 그뿐인가. 수업 시간에 딴 짓을 하던 버릇도 사라졌고, 학교에서 배운 걸 엄마에게 물어보고, 모르는 건 스스로 사전을 찾기도 했다. 전에는 공부도 못하고 별다른 재주도 없는 아이였지만 경모는 수학과 과학에 특별한 재능을 보이고, 전 과목에 걸쳐 우수한 성적을 보이는 말 그대로 우등생이 되었다.

내 시누이들은 그런다.

"애를 저렇게 만들기까지 언니가 얼마나 고생이 많았겠어요."

물론 힘들었다. 경모를 지켜보는 과정은 아니라고 해도 자꾸만 생기는 조급함과 불안이라는 거대한 골리앗과의 싸움이었기 때문이다. 솔직히 내게는 '기다림'이라는 무기밖에 없었고, 그것의 위대함을 알기까지 나 또한 여러 차례에 걸쳐 실수와 방황을 거듭했다. 그때마다 아동 발달에 관한 무수한 책과 실제로 아픈 많은 아이들을 치료하면서 배운 것들을 토대로 나름대로의 학습 원칙을 세우게 되었다. 나는 그것을 '느림보 학습법'이라고 말하고 싶다.

느림보 학습법이 경모처럼 늦되는 아이를 위해, 무조건 기다려야 한다는 것만은 아니다. 오히려 나는 느림보 학습법을 뭐든지 뛰어난 정모에게도 똑같이 적용시키고 있다.

그렇다면 느림보 학습법은 구체적으로 무얼 말하는가. 한마디로 말해 그것은 바로 뇌 발달에 맞는 학습법이다. 그런데 뇌 발달을 제대로 알고 거기에 맞추기란 쉽지 않다. 지금 내 아이가 어느 정도의 발달 단계에 와 있는지, 때문에 어떤 학습이 필요한지 아는 게 어디 쉽겠는가. 그래서 어떤 엄마들은 대뜸 이런다.

"선생님이야 전문가시니까 잘 알겠지만, 우리 같은 보통 엄마들이 그걸 어떻게 알겠어요?"

그러나 모든 엄마들이 알 수 있는 방법이 있다. 단, 내 아이에게 평소 충분한 관심을 보이고 늘 지켜보던 엄마여야만 한다.

그 방법이란 '무조건 아이가 좋아하는 걸 시키는 것'이다. 뇌 발달이니 뭐니 해서 어렵게 생각하지 말고 그저 아이가 원하는 것, 하고 싶어 하는 걸 시키면 된다는 말이다.

그리고 이와 함께 꼭 따져 볼 것이 있다. 좋아하는 게 있으면 싫어하는 것도 있게 마련이다. 이때 싫어하는 것을 파악하되 왜 싫어하는지 그 이유를 아는 것이 굉장히 중요하다.

그런데 보통 엄마들은 아이가 좋아하는 건 금세 알면서 싫어하는 것에는 그다지 관심을 갖지 않고, 무심코 넘어가는 경향이 있다. 왜 싫어하는지, 이게 과연 일시적인 변덕인지(아이이기 때문에 얼마든지 변덕을 부릴 수 있다), 아니면 보다 심각한 문제가 있기 때문인지 깊게 생각하려 들지 않는다는 것이다.

아이가 무언가를 싫어하는 데는 반드시 어떤 이유가 있다. 그 자체가 아이와 맞지 않아서일 수도 있고, 아이 스스로 받아들일 준비가 되지 않아서 그럴 수도 있다. 그게 아니면 아이가 충분히 잘 할 수 있음에도 불구하고 어떤 환경적인 이유 때문에 동기가 안 생겨서일 수도 있다. 어찌 되었건 아이가 무언가를 싫어한다는 건 일단 아이한테 어떤 어려움이 있다는 증거다. 이럴 때는 먼저 그 어려움의 원인을 찾아 없애 주어야 한다. 그것은 학습의 기본 바탕을 마련하는 작업일뿐더러 내 아이의 성향을 파악하는 데 큰 도움이 된다.

그러나 아무리 애를 써도 그 이유를 알 수 없을 때가 있다. 그럴 때는 그냥 무조건 멈추면 된다. 싫어하는 걸 통해서는 절대 제대로 된 학습효과를 기대할 수 없기 때문이다.

이렇게 따져 보면 느림보 학습법은 그리 어려운 게 아니다. 뇌 발달에 맞춘다는 것은 아이가 쉽게 잘 할 수 있는 것부터 한다는 걸 의미한다. 좀 더 구체적으로 말해 무언가를 시키려 들기 전에 먼저 아이의 흥미도와 준비도를 살펴보면 된다.

경모 얘기로 돌아가 보자. 경모는 4학년 여름 방학 때 미술 공부를 하겠다고 나섰다. 일단 흥미도는 된 것이다. 그렇다면 준비도는? 사실 경모는 다른 아이들에 비해 손놀림이 조금 어눌한 편이다. 글자 쓰는 것도 그렇고, 색칠하는 것도 그렇고, 여하튼 손으로 쥐고 하는 걸 잘 못한다. 그래서 초등학교 1학년 때부터 연습 삼아 간단한 공작 놀이를 시켰다. 그 결과 지금은 그리고 쓰는 게 많이 능숙해졌다. 즉 본격적인 미술 공부를 할 수 있는 준비가 된 것이다.

그런데 만일 준비도와 흥미도가 제대로 갖춰지지 않은 채 학습에 들어가면 어떤 반응이 나타날까.

아이들은 일단 무조건 피하려 든다. 힘들다고 툴툴거리면서 어떻게든 안 하려고 거짓말을 한다든지, 해도 마지못해 하는 모습을 보인다. 아니면 앵무새처럼 무조건 외우려 들 수도 있다. 엄마의 말을 따라(보다 엄밀하게 말하자면 엄마에게 미움 받지 않기 위해), 생각은 전혀 안 하고 무조건 외워 버린다는 거다.

난 전자보다 후자가 더 많이 걱정된다. 무조건 외우려고 들 경우 다른 것도 한창 발달해야 할 시기에 뇌가 한쪽 방면으로만 고착될 우려가 있다. 극단적이긴 하지만 달력을 한 번 보고 외워 버린다든가 하는 자폐증의 예가 바로 여기에 해당된다.

요즘 세상은 참 빠르게 돌아간다. 그런데 삶의 속도가 빨라지면서 아이를 공부시키는 것도 속도전을 방불케 한다. 두 살 때 유치원 과정을, 초등학교 1학년 때는 2학년 과정을, 초등학교 6학년 때는 중학교 과정을 미리 가르친다. 마치 똑같은 과목을 남보다 빨리만 습득하면 모든 문제가 풀릴 것처럼 말이다. 빨리 가려면 이해가 안 된 채 넘어가거나 무작정 외울 수밖에 없다. 그러다 보면 아이가 스스로 고민하고 탐구하여 해답을 얻는 시간들은 자꾸만 줄어든다. 이처럼 깊이 대신에 속도만 중시하는 우리나라 교육법이 나는 잘못되어도 한참 잘못되었다고 생각한다. 프랑스의 사상가 루소Rousseau가 쓴 『에밀』에 보면 이런 얘기가 나온다.

> 우리는 어린이에 대해 전혀 아무것도 모른다. 그러므로 우리가 현재 지니고 있는 그릇된 생각을 바탕으로 하여 논의를 진행시켜 간다면 앞으로 나아갈수록 우리들은 더 그릇된 방향으로 빠지게 될 것이다. 가장 현명한 사람들조차도 어른들이 알아 두어야 할 중요한 일에만 전념하는 나머지 어린이들이 현재 무엇을 배울 수 있는가에 대해서는 생각하지 않는다. 아이에게는 아이 특유의 사물을 보는 법, 생각하는 법, 느끼는 법이 있다. 그런데 그들의 방법 대신 어른들이 보는 법, 생각하는 법, 느끼는 법을 가르쳐 주려고 하는 것처럼 분별없는 짓은 없다. 따라서 열 살 된 아이에게 판단력을 요구하는 것은, 아이에게 6척의 키를 요구하는 것과 같다.

나는 루소의 생각에 전적으로 동감한다. 경모가 그걸 나에게 깨우쳐 주었다. 어른의 방식, 혹은 지금의 세상처럼 속도에만 경도된 방식으로 경모를 키우려 했다면 지금의 경모는 있을 수 없을 것이다.

여기서 한 가지 엄마들이 잊지 말아야 할 것이 있다. 느림보 학습법은 개인차가 크게 난다는 사실이다. 그만큼 사람의 뇌 발달 정도가 제각각이라는 말이다. 그러므로 아이의 발달 과정을 가장 가까이에서 지켜보는 부모들이 느림보 학습법의 실천에 있어 중요한 몫을 담당할 수밖에 없다. 이 학습법을 제대로 실천하려면 앞서 얘기했듯이 뇌 발달은 사춘기까지 계속되므로 조급함을 버리고 기다릴 줄 알아야 한다. 같은 나이의 옆집 아이와 비교하거나, 공부시킨 시간에 비례하는 결과를 요구하는 식의 태도는 아이를 망치는 지름길일 뿐이다.

결국 느림보 학습법이란 엄마가 아이를 제대로 이해하는 것에서부터 시작한다. 아니 그것이 전부라고도 할 수 있다. 정형화된 학습법에 현혹되지 말고 지금 내 아이가 무얼 원하는지, 또 무얼 싫어하는지, 싫어한다면 그 원인은 무엇인지를 먼저 알아보자. 그럴 때에만 세상 그 어떤 아이라도 인생의 우등생으로 자랄 수 있을 것이다.

답은 아이가
가장 좋아하는 것에 있다

● 오래 전에 30대 젊은 엄마가 1톤 트럭을 번쩍 들어서 바퀴에 깔린 아이를 구했다는 기사를 읽은 적이 있다. 나는 이와 비슷하게 인간의 능력으로 도저히 불가능한 일들을 해낸 사례를 주변에서 가끔씩 마주치곤 한다. 그럴 때면 '동기'의 무서운 힘에 새삼 놀라게 된다. 생각해 보라. 보통 때라면 그 엄마가 1톤 트럭을 들어 올릴 수 있겠는가. 하지만 '아이를 살려야 한다'는 동기는 1톤 트럭도 막지 못했다.

동기의 힘은 생각보다 세다. 그 원리는 학습에 있어서도 100퍼센트 적용된다고 볼 수 있다. 다시 말해 아이 스스로 학습의 동기를 찾게 되면 기대 이상의 성과가 나온다는 얘기다. 그러나 만일 동기가 불충분한데도 억지로 학습시킬 경우 단순히 결과가 미진한 걸로 그치는 게 아니라 아이의 앞날에 치명적인 방해 요소로 남게 된다.

연세대학교 사회학과 조한혜정 교수는 현대 사회가 맞닥뜨린 '동기의 위기'를 설명하면서 "아이가 먼저 동기를 갖기 전에 미리 부모들이 무엇인가를 끊임없이 제공하면 아이는 하고 싶고 되고 싶은 게 없는 아이로 성장할 우려가 있다"고 했다. 그만큼 아이가 세상을 배워 나가는 데 있어서 동기가 중요하다는 말이다. 그렇다면 학습에 있어서 동기는 어떻게 찾아지고 어떤 식으로 작용하는 걸까. 여기에 대해 두 가지 답이 있다.

1. 좋아하는 것에서부터 출발하라
"칙칙폭폭 부아앙~."

또 시작이다. 딸랑이를 쥐고 놀 나이부터 기차에 관심을 보였던 경모는 해를 거듭할수록 기차만 보면 사족을 못 쓰는 아이가 되었다. 한 칸짜리 단순한 모양부터 시작한 경모의 기차놀이는 어느덧 자기가 직접 조작하고 만드는 수준에 이르렀고, 말을 할 수 있을 무렵에는 삼촌과 할아버지에게서 선물 받은 세계 각국의 기차들로 방 전체가 꽉 들어찰 정도였다.

처음엔 그러려니 했다. 워낙 세상에 대해 벽이 많던 경모가 그나마 한가지에라도 마음을 두고 관심을 보이는 게 다행스럽기도 했다. 하지만 점차 자라면서부터 문제가 달라지기 시작했다.

어느 날이었다. 경모한테 유아용 그림책 전집이 선물로 들어왔는데 예쁜 그림과 알록달록한 색채들이 척 보기에도 아이들이 좋아할 만한 것들이었다. 그때 경모는 유치원에 다니고 있었다. 그래서 이제는 슬슬

책이 무엇인지 알아도 좋겠다 싶어 아이 앞에 그림책 중 하나를 슬그머니 꺼내 놓았다.

가만히 책을 바라보던 경모. 책장을 넘기는 듯싶더니만 갑자기 고개를 홱 돌린다. 그러더니 눈앞의 책은 무시하고 장난감 통에서 기차들을 꺼내는 거였다.

아이라면 익숙하지 않은 것에 관심을 가져 볼 법도 한데 처음 보는 그림책에 이내 고개를 돌리는 경모를 보니 오기가 생겼다.

"이게 마음에 안 들면 다른 거 볼까?"

이번엔 아예 쳐다보지도 않는다. 기껏 선물 받은 그림책에 시선조차 주지 않는 경모를 보니 은근히 화가 났다. 삼 세 번이라고 마지막으로 경모를 안아 무릎에 앉혔다.

"이것 봐, 경모야. 여기 이렇게 예쁜 아기가 있네."

유독 색이 알록달록하고 그림이 재미있는 책을 골라 아이 눈앞에 펼쳤다. 하지만 나는 채 한 문장도 읽기 전에 경모의 찢어지는 고함 소리를 들어야 했다.

아이가 무언가에 관심을 갖고 그로 인한 자극을 적극적으로 수용하는 것은 물론 좋은 일이다. 하지만 그것이 도가 지나칠 경우 꼭 그때밖에 할 수 없는 학습을 놓칠 우려가 있다. 우리 경모가 그랬다. 기차에만 매달리다 보니 다른 학습적 자극들을 전부 놓치고 있었다.

하지만 어쩌겠는가. 그날 경모는 결국 제가 원하던 대로 기차를 갖고 하루 종일 놀았고, 나는 기껏 꺼냈던 책들을 다시 책장에 꽂아 두고 기차놀이에 흠뻑 취한 경모를 보며 한숨만 내쉬었다. 그러다가 문득 내 머리를 스친 생각.

'뭔가 색다르게 경모의 흥미를 끌 만한 책이라면?'

다음날부터 나는 서점을 샅샅이 뒤지고 다녔다. 아이들을 위한 책들이 워낙 많이 나온 터라 이것저것 골라 보니 쇼핑백이 가득 찼다. 책 표지가 고무로 된 것, 펼치면 그림이 튀어나오는 입체 그림책, 라디오처럼 음성이 들리는 책, 모양 자체가 동그란 것 등 모두가 어른인 내가 보더라도 재미난 것들이었다.

그날 저녁 나는 모진 마음을 먹고 경모가 잠든 틈을 타 기차들을 장난감 통에 옮겨 담기 시작했다. 기차 레일을 분해하고 경모가 직접 조작한 몸체를 분리해 상자 안에 집어넣었다.

다음날 아침, 예상했던 대로 집안이 난리가 났다. 하지만 나는 눈을 질끈 감고 울고불고하는 경모 앞에 전날 사 온 책들을 꺼내 놓았다.

"경모야, 이것 좀 보자."

한순간의 정적. 일순간 경모가 책에 관심을 보이는 듯했다. 고무로 된 책을 가만히 집어 드는 경모. 책장을 넘기는가 싶더니 이게 웬일인가. 있는 힘껏 책을 내동댕이치곤 아예 드러누워 몸부림을 치는 게 아닌가. 할 수 없이 애써 감춰 둔 기차들을 다시 꺼내 한참이나 아이를 달랜 후에야 한숨을 돌릴 수 있었다.

그렇게 책 읽히기를 포기하고 며칠을 고민하던 어느 날, 집에 돌아와 보니 경모가 신문 위에 앉아 광고면을 뚫어져라 쳐다보고 있었다.

'아, 이거구나!'

경모가 보던 것은 다름 아닌 기차 사진이었다. 무슨 광고였는지는 생각나지 않지만 하늘을 향해 솟아오르는 기차 사진을 뚫어져라 바라보던 경모 모습이 아직도 눈에 선하다.

그날로 나는 다시 서점을 찾았다. 그리고 그림책 코너를 열심히 뒤져 책 한 권을 찾아냈다. 표지에 예쁜 아기 기차가 그려져 있는 그림책이었다. 책 줄거리는 아기 기차가 힘든 산길을 넘는데 엄마 기차의 격려로 무사히 목적지에 도착했다는 내용이었다.

그 그림책을 본 경모는 기대 이상의 반응을 보였다. 책 표지를 보고 눈이 휘둥그레지더니만 엄마가 다 읽어 주지도 않았는데 다음 장을 넘기려고 야단이었다. 사람처럼 여러 가지 표정을 하고 있는 아기 기차가 어지간히 신기했던 모양이었다. 읽고 또 읽고, 몇 날 며칠을 책에만 매달려 급기야 달달 외울 정도가 되었는데도 경모는 매일 저녁 그 책을 읽어 달라고 졸랐다. 조금 늦게 퇴근해서 집에 돌아오면 혼자서 책장을 넘기고 있는 경모를 볼 수 있었다. 그리고 그것이 시작이었다.

"엄마 이거!"

어느 날 집에 돌아와 보니 경모 손에 못 보던 그림책이 들려 있었다. 얼마 전 읽히기를 포기하고 책장에 꽂아 두었던 바로 그 그림책이었다. 저 혼자 까치발로 책을 꺼내서는 엄마에게 읽어 달라는 거였다.

답은 바로 그거였다. 아이가 좋아하는 걸 억지로 말린다고 해서 다른 걸 시킬 수 있는 게 아니었다. 오히려 반발심이 생겨 다른 데 눈 돌릴 만한 일말의 가능성마저 없앨 따름이었다.

경모는 그때부터 책을 읽기 시작했다. 물론 늘 옆에는 기차를 끼고 있었지만 아무렴 어떤가. 책도 읽고 기차도 갖고 놀면 그것으로 된 게 아닌가(참고삼아 말하건대, 지금의 경모는 독서광이다).

그뿐만이 아니었다. 기차와 관련된 것이라면 무엇이든 좋아하는 경모의 마음을 살려 다른 여러 영역에까지 아이의 관심을 넓힐 수 있었다. 경모는 기차와 관련한 것이라면 그 어떤 것이든 마음을 열었다.

가끔 엄마들에게서 이런 말을 듣는다.

"우리 애는 다 좋은데 덧셈 뺄셈 하는 걸 너무 싫어해요."

"애가 그림 그리는 건 좋아하면서 글자 쓰는 건 왜 이렇게 싫어할까요?"

억지로 대놓고 시킬 일이 절대 아니다. 그럴 땐 내 아이가 무엇에 가장 흥미가 있는지, 무얼 가장 잘 하는지부터 알아야 한다. 그걸 격려해 주고 거기서부터 아이디어를 얻어 점차 다른 것을 접목시켜 가는 지혜가 필요하다.

숫자 공부라고 해서 꼭 종이와 연필이 있어야만 할 수 있는 게 아니다. 하다못해 애가 좋아하는 과자를 앞에 두고 접시에 담아 가며 수를 셀 수도 있다. 글자도 마찬가지다. 아이가 경모처럼 기차를 좋아한다면 기차 몸통을 이용해 글자 공부를 할 수도 있을 거다.

학습에 있어 무언가 새로운 걸 시도하기 전에, 아이가 가장 좋아하는 것이 무엇인지를 먼저 점검하자. 좋아하는 것으로부터 출발할 때, 그로 인해 아이 스스로 동기를 가질 때 그 효과는 엄청나게 크다.

2. 준비될 때까지 기다려라

미국 덴버에서의 일이다. 경모가 그곳 초등학교에 들어가고 몇 달 뒤, 경모 담임 선생님으로부터 전화가 왔다. 상의할 게 있으니 학교를 한번 방문해 달란다. 무슨 일인가 싶어 다음날 학교를 찾았는데 선생님이 심각한 얼굴로 이렇게 말했다.

"경모가 가위질을 잘 못하는데 아마 손 조작 능력이 조금 부족한 것 같아요. 특별 훈련 프로그램을 받게 했으면 싶은데 어머니 생각은 어떠세요?"

문제가 있으리라고는 예상했지만 막상 경모에게 특별 훈련을 받게 하자는 말을 들으니 선뜻 그러자고 할 수가 없었다. 물론 미국에서 시행되고 있는 특별 훈련은 한국에서처럼 그로 인해 아이가 주눅 든다거나 상처받을 가능성이 적었다. 주변 친구들은 물론 훈련을 받는 당사자조차 그것이 부족한 부분을 채우는 특별 훈련임을 눈치채지 못하도록 하기 때문이다.

하지만 나는 그런 문제로 갈등하는 게 아니었다. 특별 훈련이라는 건 어디까지나 부족한 부분을 집중적으로 훈련시켜 소기의 발전을 거두게끔 한다. 때문에 어느 정도는 싫어도 참고 견디는 인내력이 필요하다. 따라서 자칫 잘못하면 인내력이 부족한 경모가 손을 이용해 무언가를 하는 것 자체를 싫어하게 될 수도 있었다.

"아니요, 선생님. 그냥 두는 게 좋을 것 같습니다."

선생님은 의외라는 표정을 지었다.

"다른 아이들 앞에서 가위질을 못하면 경모가 부담감을 느낄 텐데요."

물론 거기에 대한 처방도 필요했다. 그래서 나는 선생님에게 가위질 같은 작업을 하는 수업 시간에 경모만 다른 걸 시켜 줄 것을 요구했다. 그러면서 경모가 지겨운 반복 학습을 굉장히 싫어하며, 그 때문에 한국에서 여러 번 낭패를 본 경험이 있다는 걸 누차 설명했다. 처음엔 고개를 갸웃거리던 선생님도 내 설명을 들은 뒤 고개를 끄덕였다.

하지만 엄마 입장에서 아이의 부족한 부분을 그냥 두고만 볼 수 없어 그날 저녁부터 나는 직접 경모를 데리고 가위 놀이를 시작했다. 하지만 놀이라는 건 어디까지나 아이한테 즐거움을 줘야 하는 게 아닌가. 그런데 가위질을 하는 경모는 결코 즐거워 보이지 않았다. 결국 며칠 만에 포기.

그런데 뜻밖에 경모의 선생님이 도움을 주었다. 경모더러 '우리 반에서 제일 가위질 잘하는 아이'라고 부추긴 다음, 방과 후에 선생님 일을 도와달라고 해서 일부러 도화지를 자르게 했다는 거였다. 그 덕에 경모의 가위질 실력은 많이 좋아졌다.

하지만 그걸 빌미 삼아 또 다시 아이에게 훈련을 강요할 생각은 없었다. 내친김에 다 해 버리자는 식으로 다가섰다가 그나마 이뤄 놓은 걸 망칠 수도 있기 때문이다.

그 후 어느 정도는 나아졌지만 여전히 손놀림이 어눌한 경모를 데리고 다시 한국에 돌아왔다. 한국에서 1학년으로 재입학한 경모. 문제는 그때부터였다.

어느 날 퇴근하여 집에 들어서려는데 경모가 양말을 신은 채로 현관문까지 뛰어나왔다.

"엄마 큰일 났어."

말을 들어 보니 이제 학교에서 급식을 시작하는데 포크를 못 쓰게 한다는 거였다. 미국에서는 포크를 쓰는 게 당연했지만 한국에 왔으니 한국 법에 따라야 할 게 아닌가. 하지만 경모가 젓가락을 제대로 사용할 턱이 없었다. 아니 사실 미국에 가기 전에도 젓가락을 제대로 써 본 적이 없었다. 몇 번이나 가르치려고 노력했지만 그때마다 젓가락을 집어던지고 난리를 피우는 통에 그만뒀었다. 언젠간 되겠지 하는 막연한 바람만 가진 채 말이다.

경모가 울먹이며 어떻게 하냐고 물었다.

"너는 어떻게 할 생각인데?"

오히려 나는 경모에게 답을 물었다. 경모 표정이 완전히 일그러졌다. 엄마에게 마지막 해결책을 기대했는데 이제는 정말 큰일이다 싶었을 거다. 그러더니만 이제 학교에서 밥도 못 먹는다며 저 혼자 난리였다. 자기는 친구들 앞에서 망신당하는 게 죽어도 싫다는 거였다.

"선생님한테 어떻게 해야 할지 여쭤 보렴."

미심쩍어하는 경모를 모른 체하고 나는 얼른 부엌으로 들어가 버렸다. 어떻게 하는지 지켜볼 심산으로 말이다.

그 다음날, 집에 돌아와 보니 경모가 식탁에서 무언가 열심히 하고 있었다. 큰 그릇에 죠리퐁 과자와 콩을 한가득 담아 놓고 그걸 젓가락으로 하나씩 집어 접시에 옮기는 중이었다.

"너 뭐하니?"

경모가 여전히 젓가락질을 하며 대답했다.

"선생님이 이렇게 하면 젓가락질 할 수 있댔어."

하는 모양을 보니 그릇 안의 것을 오늘 밤 안에 접시에 다 옮길 수 있을지 의심스러웠다. 웃음이 터져 나왔지만 꾹 참고 "너 언제까지 그거 할 건데?" 하고 물었다.

"될 때까지 계속할 거야!"

진땀까지 흘리는 게 꽤나 힘들어 보였지만 말리지 않았다. 제 스스로 하는 일이니 때가 되면 알아서 멈추겠지 하는 생각에서였다.

그런데 경모가 밤 11시까지 젓가락질을 계속하는 거였다. 하기 싫은 것은 채 10분도 못 견디던 경모가 말이다.

그러기를 일주일, 경모 입에서 드디어 탄성이 나왔다.

"아, 이제 된다!"

가서 보니 경모가 정말 능숙하게 젓가락으로 콩을 집고 있는 게 아닌가. 전에 내가 그렇게 가르치려고 해도 안 되던 젓가락질이었는데. 그걸 아는 탓에 잠자코 기다렸는데 뜻밖의 계기로 인해 제 스스로 그걸 익혔던 것이다. 그 계기라는 게 '친구들에게 망신당하기 싫어서'라는 아주 엉뚱한 것이었지만, 일단 스스로 동기를 찾아낸 경모는 무서울 정도로 그 일에 매달렸다. 그리고 결국엔 해내고 마는 거였다. 솔직한 심정으로 그동안 내가 쏟아 부은 노력들이 허무하게 느껴질 정도였다.

다음날 경모는 의기양양한 모습으로 학교에 갔다. 물론 그 전날까지 혹독한(?) 훈련을 해서 피곤한 모습이었지만 표정만은 그 어느 때보다 밝았다. 경모가 그날 저녁, 퇴근하는 엄마를 아주 기분 좋게 맞이한 것은 물론이다.

앞서 말했지만 아이의 학습에 있어 가장 중요한 일은 '동기 부여'다. 동기가 부여될 때만이 가장 빨리, 효율적으로 학습을 받아들일 수 있기 때문이다. 그러므로 엄마는 아이가 흥미를 가지고 있는 게 무엇인지, 동기가 될 만한 게 무엇인지 알아내 그걸 이용하는 지혜가 필요하다.

하지만 그렇게 해서도 안 될 때가 있다. 그럴 때는 스스로 동기를 찾을 때까지 참고 기다리는 인내가 필요하다. 아이 스스로 준비가 될 때까지, 그래서 채비를 마치고 "Ready go!"라고 외칠 때까지 말이다. 때론 언성 높여 백 번 시키는 것보다, 그 동기가 비록 하찮은 것일지라도 스스로 마음먹을 때까지 묵묵히 기다리는 지혜가 훨씬 더 큰 성과를 낳는다.

그래도 경모를
학교에 보내는 이유

- 인생의 일할을

나는 학교에서 배웠지

아마 그랬을 거야

매 맞고 침묵하는 법과

시기와 질투를 키우는 법

그리고 타인과 나를 끊임없이 비교하는 법과

경멸하는 자를

짐짓 존경하는 법

그중에서도 내가 살아가는 데

가장 도움을 준 것은

그런 많은 법들 앞에 내 상상력을

최대한 굴복시키는 법

유하의 〈학교에서 배운 것〉이란 제목의 시인데, 나는 이 시를 읽으며 울컥 목이 메였다. 학창 시절에 겪었던 가슴 아픈 기억들이 다시금 날을 세우고 내 가슴을 후벼 팠기 때문이다. 초등학교 2학년의 어느 봄이었다. 그때까지만 해도 공부 못하는 열등생이었던 나는, 친구들처럼 교과서를 큰소리로 따라 읽는 대신 창밖의 구름을 보며 이런저런 공상에 잠겨 있었다.

그런데 갑자기 교실 뒤 액자에 쓰인 시조의 한 구절이 내 눈에 들어와 박혔다.

'아버님 날 낳으시고, 어머님 날 기르시니……'

순간 궁금증이 일기 시작했다.

'이상하다? 아이는 엄마가 낳지 않나? 우리 엄마도 병원에서 나를 낳으셨다고 했는데 내가 잘못 들었나?'

수업 시간 내내 그 생각에 사로잡혀 있던 나는 결국 선생님께 여쭤봤다.

"선생님, 아이는 엄마가 낳지 않나요? 그런데 여기선 왜 아버지가 낳았다고 하지요?"

손을 들어 또박또박 질문을 끝내고 보니 선생님의 얼굴이 새빨갛게 달아올라 있었다. 잠시 대답을 못 하고 내 얼굴만 바라보던 선생님이 이렇게 대답하셨다.

"그건 어른이 되면 다 알 수 있는 거야!"

그러더니만 쓸데없는 데 신경 쓰지 말고 수업에 집중하라며 다시 교과서를 보신다. 나는 또 다시 물었다.

"어릴 때도 모르는데 어른이 된다고 알 수 있나요?"

그러자 선생님은 "말대답하지 마!" 하며 나를 무시해 버리셨다. 나는 선생님이 이해가 안 갔다. 정말 몰라서, 왜 그렇게 표현했는지 궁금해서 물은 것이었는데 왜 선생님은 내 말을 들어주시지 않는 걸까? 풀리지 않는 의문을 가진 채 나는 그 자리에 계속 서 있었다. 그러나 선생님은 그런 나를 무시하고 수업을 계속 진행했고, 나는 도내체 내가 어떻게 해야 하는 건지 알 수가 없었다.

어른이 된 지금까지도 나는 그때 그 순간을 잊지 못한다. 그리고 그 사건 이후로 궁금한 것이 있어도 또 창피당할까 봐 선뜻 손을 들고 묻질 못했다.

그렇게 초등학교 시절을 보내고 중학교에 들어갔다. 시간의 힘을 빌어 어느 정도 그 일에 대한 기억을 잊어 갔지만 불행하게도 그때의 상처를 또 다시 상기시키는 사건이 일어났다.

국어 시간이었다. 무슨 일로 그 얘기가 나왔는지는 정확히 기억나지 않지만 선생님께서 신숙주가 단종을 배반한 나쁜 사람이었다는 말을 수없이 강조하셨다. 그때 다시금 의문이 들기 시작했다.

'만일 신숙주가 어린 임금에 대한 충성심에 죽음을 택했더라면, 그 다음 세조 때의 정치적 사회적 전성기가 과연 가능했을까. 절개를 꺾었을지언정 수많은 백성들을 위해 힘쓴 것은 칭찬해 줘야 하지 않나?'

어린 내 소견에 신숙주는 일부러 그런 굴욕적인 삶을 택했을 수도 있는 거였다. 그래서 나는 초등학교 2학년 때처럼 또 다시 손을 들고 자리에서 일어났다. 그리고는 내 생각을 선생님께 말씀드리며 마지막에 이렇게 말했다.

"충성심이라는 잣대 하나만으로 그 사람의 모든 것을 판단할 것은 아니라고 생각합니다."

그 순간 선생님이 출석부를 들더니 교탁을 세게 내리치셨다.

잠시 교실에 숨 막히는 정적이 흘렀다. 반 아이들의 긴장감 어린 시선과 씩씩거리며 나를 바라보는 선생님의 싸늘한 표정……. 그런데 이상하게도 그 순간 나에게는 아무런 감정의 변화가 없었다. 그저 '내가 뭘 잘못했을까?'라는 의문만 끊임없이 머릿속을 맴돌 뿐이었다. 내가 원한 것은 단지 서로의 의견을 교환하는 것뿐이었는데.

앞서 말했듯 학창 시절 나는 공부를 꽤나 잘했다. 그러니 학교 선생님들이 귀여워할 법도 했지만 불행하게도 나는 그와 거리가 멀었다. 오히려 나는 선생님들 사이에서 이상한 질문을 하고, 제 고집만 강하며, 다소 건방진 그런 학생이었다.

나는 선생님들이 싫고 학교가 싫었다. 남과 다른 생각, 아니 선생님들과 다른 생각을 하는 게 무슨 죄인가. 친구들도 그런 나를 이상하다는 눈으로 바라보았고 그 덕에 나는 뜻이 통하는 몇몇 친구들에게만 마음의 문을 열었다. 지금 생각해 보면 참 외롭고 힘든 시간들이었다.

어머니는 그런 내 마음을 너무나 잘 알고 계셨다. 당신이 보기에도 당신 딸이 그저 말 잘 듣는 평범한 아이 축에 속하진 않았으니까. 제 생각이 옳다 싶으면 그 누구의 말도 귀담아듣지 않는 딸을 보며 어머니의 걱정은 이만저만이 아니셨을 게다.

그렇지만 어머니는 내 앞에서 절대 그런 내색을 안 하셨다. 오히려 내게 너는 크면 여자 대통령이 될 거라면서 나의 기를 북돋우셨다. 한마디로 말해 어머니는 나의 절대적인 응원군이셨다. 언제나 한발짝 뒤에 물러서 계셨던 아버지 역시 마찬가지셨다.

두 분 덕에 나는 무사히 학교를 마칠 수 있었다. 그마저 없었더라면 나는 아주 일찍이 학교를 때려치웠을지도 모른다. 그래서일까. 내 마음 한켠에는 학교에 다니면서 받았던 상처, 그리고 그로 인해 잃은 것들에 대한 미련이 늘 남아 있었다. 그리고 미국에서의 생활을 마치고 돌아와 큰아들 경모가 초등학교에 재입학할 무렵, 그 미련은 부모 된 자의 불안감으로 바뀌었다.

앞서 말한 바 있지만 경모는 워낙 다루기 어려운 아이였다. 그런 경모를 학교에 보내야 한다고 생각하니 내 마음이 어땠겠는가. 학교 가는 날이 다가올수록 나는 밤잠을 이룰 수 없었다. 어쩔 때는 꿈속에서 학창 시절의 교실로 돌아가 진땀을 흘리는 나를 보기도 했다. 그러나 시간은 어김없이 흘러갔고, 이러저러한 갈등 끝에 경모를 학교에 보냈다.

그 후 무수히 많은 사건들이 있었고, 그로 인해 말로 다 못 할 마음고생이 따랐다. 아이도 나도 한바탕 전쟁을 치렀다고 할까.

한 번은 선생님으로부터 전화가 왔다. 미술 시간이었는데 경모가 스케치북을 펼쳐 두고 한 시간 내내 그냥 앉아만 있더라는 거였다.

"정말 아무것도 안 했나요?"

선생님이 말하길, 수업이 다 끝날 무렵까지 경모의 스케치북은 선 하나 그려지지 않은 백지 상태였다고 했다. 앞뒤 상황을 파악해 보건대 선생님으로부터 그런 말이 나올 때까지 경모 역시 꽤나 괴로웠을 것이다. 낯선 환경에서 정해진 시간에 맞춰 움직이고 생전 처음 '싫어도 해야만 하는' 일을 하려니 얼마나 힘들었겠는가.

어떻게든 그런 상황을 모면코자 노력은 했지만 시간이 흐를수록 점점 회의가 들기 시작했다. 공교육의 여러 문제점들이 드러나면서 대안학교나 홈스쿨링 등 여러 가지 다른 방법들이 제시되고 있는 터였다. 이런 현실에서 굳이 내가 아이를 학교에 보내야만 하는 걸까. 내 아들을 체제의 희생양으로 만들고 있지는 않은가…….

그렇게 3년이란 시간을 보내고 경모가 4학년에 올라갔다. 그리고 어느 날이었다.

"엄마, 나 아람단 시켜 줘!"

순간 내 귀를 의심했다. 경모가 하겠다는 아람단은 불과 1년 전에 내가 그렇게 시키려고 하다가 포기한 것이었다. 그때 경모는 이렇게 말했다.

"그거 하면 캠핑 같은 데도 억지로 따라가야 하고, 모르는 애들이랑 계속 같이 있어야 하는데 내가 그걸 왜 해? 절대 안 해!"

그러던 경모가 뜬금없이 제가 먼저 하겠다고 나서니 놀랄 수밖에.

"정말이니 경모야?"

"응, 나 당장 내일 신청할 거야."

신이 난 경모는 다음날 가위바위보까지 하는 치열한(?) 경쟁을 뚫고 아람단에 들어갔다.

앞에서도 말한 바 있지만 아이의 발달은 사선이 아닌 계단식으로 이루어진다. 아무런 진전이 없는 것처럼 보이다가도 어느 순간에 갑작스런 변화를 보인다는 말이다. 경모의 그런 변화 역시 계단식 발전의 한 과정이었다. 그런데 여기서 드는 의문.

'단순히 때가 됐기 때문에 변한 것인가?'

나는 최근 경모의 모습을 떠올려 보았다. 곰곰이 생각해 보니 그 안에는 분명 전과는 다른 무언가가 숨겨져 있었다. 이를테면 이런 거였다. 어릴 때부터 워낙 행동이 굼뜨던 경모는 초등학교에 들어가서도 게으른 버릇을 고치지 못했다. 아침마다 학교에 늦곤 했는데 어쩌다가 엄마가 먼저 출근하는 날이면, 9시가 넘어서야 겨우 대문을 나서곤 했다. 나중에 제 아빠에게 혼쭐이 난 후 늦는 버릇은 없어졌지만 그것이 결코 자발적인 것은 아니었다. 그런데 어느 순간부터 현관문을 나서는 경모 입에서 "잘못하면 늦겠다"는 말이 나왔다. 늦으면 안 된다는 생각을 스스로 하게 된 것이다. 감탄사가 나오는 순간이었다.

'그랬구나, 경모가 학교에 다닌 후로 어느 순간부터 조금씩 달라지고 있었구나……'

경모의 그런 변화를 한마디로 말하자면 이렇다. 사회라는 틀에 자신을 제대로 맞출 줄 알게 된 것.

단순히 틀에 자신을 가두는 게 아니었다. 즉, 스스로를 버려 가며 틀에 맞추는 게 아니라, 그 안에서도 자신의 욕구를 이룰 줄 안다는 걸 의미했다. 외부의 요구를 받아들이면서도 자신 또한 버리지 않는 것. 그것이 곧 틀에 '제대로' 맞추는 것이다.

처음에 경모는 마지못해 억지로 따라왔다. '잘못하면 엄마에게 혼나니까, 선생님께 야단을 맞아야 하니까'가 그 이유의 전부였다. 그런데 한 3년 이러저러한 경험을 하는 동안 그 '억지로'가 '스스로'로 바뀌어 있었다.

만일 경모가 그 안에서 자기 자신을 버렸더라면 "잘못하면 늦겠다"는 식의 말은 절대 하지 못했을 것이다. 따르긴 따를지언정 그것이 결코 자발적이지는 못했을 거란 얘기다.

내가 학교라는 곳을 부정하고 과연 내 아이를 맡길 곳인가 의심하는 순간에, 경모는 바로 그 학교에서 '틀 안에서 자유롭게 적응하는 법'을 배우고 있었다. 그것은 경모가 나중에 사회생활을 해 나가는 데 있어 가장 중요한 바탕이 될 것임에 분명했다.

나는 경모의 그런 변화가 학교라는 공간이 아니었으면 불가능했을 거라는 사실을 비로소 깨달았다. 이해관계 없이 사람과 사람이 순수하게 만나 관계를 맺고 교류하고 타협하는 것, 그리고 정해진 틀에 따르면서도 즐거움을 찾는 것은 학교가 아니면 그 어느 곳에서도 경험할 수 없는 일이다.

미국의 어느 유명한 사업가가 이런 말을 했다고 한다.

"서로 이용하거나 이용당하지 않으면서 인간관계를 맺는 기술을 배울 수 있는 유일한 공간이 바로 학교다."

그러면서 그는 지식을 배우지 못한 것은 후회되지 않지만, 학교에 다니지 못한 것은 아쉽다고 했다.

나는 이 같은 사실을 느낀 뒤에야 비로소 학교가 갖는 의미를 명확히 깨달을 수 있었다. 그리고 어린 시절 내가 고통스럽게 학교를 다니던 그 순간에도 나 역시 그곳을 통해 세상의 틀에 제대로 적응하는 법을 배웠다는 사실을 알았다. '그럼에도 불구하고 이 땅에서 학교라는 곳에 다녀야 하는 이유'를 절감했다고 할까.

물론 경모는 그 뒤로도 학교에서 언짢은 일이 있을 때마다 "가기 싫어"라고 말했다. 그러나 나는 그런 경모의 모습을 보는 것이 전처럼 괴롭지만은 않았다. 이 사회에 적응해 가는 데 있어 아직까지 학교만한 곳이 없다는 것을, 학교에서 배우는 건 그 어떤 공간을 통해서도 얻을 수 없는 것임을 알았기 때문이다.

맞벌이 엄마가 지켜야 할
원칙 4가지

● 일요일 오후, 언제나처럼 엄마와 함께 책상에 앉아 공부를 하고 있는 경모에게 남편이 물었다.

"경모야, 너 엄마가 병원에 안 갔으면 좋겠지? 그러면 너 이렇게 일요일에 몰아서 공부 안 해도 되잖아."

한창 공부에 집중하고 있던 경모가 슬그머니 고개를 든다. 남편의 방해 작전을 저지하기 위해 무슨 말이라도 꺼내려는데 경모가 거침없이 대답한다.

"아니, 난 엄마가 병원에서 일하는 게 좋아. 친구들도 엄마가 뭐 하는지 알고 다들 부러워해."

내 얼굴에 흐뭇한 미소가 떠오르고, 이에 남편의 화살이 정모에게 돌려진다.

"정모는 어떤데? 엄마가 일하는 게 좋으니? 아니면 정모랑 매일 같이 있었으면 좋겠어?"

방 한쪽에서 놀고 있던 정모가 얼굴을 찌푸린다. 형처럼 단호하게 대답하고 싶은데 속마음이 따라 주지 않는 게 표정에 역력히 드러난다.

"나도 엄마가 병원 가는 게 좋아 …… 아니 잘 모르겠어. 우이 씨~ 아빤 왜 어려운 것만 물어봐?"

엄마에게 미안해 얼굴을 붉히는 정모를 보고 있자니 마음 한 켠이 짠하다. 콩쥐 같은 처지에서 늘상 엄마에게 구박받는 것이 아닌 다음에야 어린아이치고 엄마와 떨어져 있는 게 좋은 아이가 어디 있으랴. 그 나이엔 그저 눈앞에 보이는 것만으로도 행복감을 주는 존재가 바로 엄마가 아닌가.

그럼에도 불구하고 내가 일을 놓지 않는 데는 분명한 이유가 있다. 나 자신을 위해서이기도 하지만, 우리 두 아들을 위해서도 엄마인 내게 일이 있는 게 훨씬 더 좋기 때문이다.

나를 찾아오는 엄마들 중에 극도의 불안 증세를 보이는 엄마들이 있다. 물론 아이 때문에 왔겠지만, 막상 엄마와 아이를 함께 대하다 보면 오히려 엄마에게서 훨씬 큰 불안이 느껴진다. 여기에는 여러 가지 이유가 있다. 육아 자체에서 오는 스트레스 때문일 수도 있고, 아니면 엄마 자신을 둘러싸고 있는 환경적 요인 때문일 수도 있다. 그러나 어찌 되었건 그런 경우 그 불안이 아이에게 그대로 전이되어 결국에는 멀쩡한 아이마저 함께 병드는 결과를 종종 본다. 엄마의 병이 곧바로 아이에게 전염되고 마는 거다. 만일 내가 일을 그만두고 경모와 하루 종일 함께 보냈더라면 나 역시 다르지 않았을 거다.

나는 병원 일과 아이 키우는 일을 병행하면서 '함께 있되 거리를 두는 것'의 의미를, 그것이 가져오는 긍정적인 결과들을 몸소 체험했다. 아이와 엄마가 무조건 함께 있다고 좋은 게 아니며, 오히려 그것이 잘못 이루어졌을 때 독이 될 수도 있음을 깨달았던 것이다.

경모가 아주 어릴 때 일이다. 당시 나는 학위를 따기 전이어서 주말에도 공부에 매달려야 할 상황이었다. 그런 와중에 하루는 경모가 내게 와서 끈질기게 매달렸다. 남편이 달래도 막무가내. 엄마인 내가 돌봐줘야 할 상황이었지만 당시 나로서는 도저히 그럴 여유가 없었다. 시간적 여유보다는 그럴 만한 마음의 여유가 생기지 않았다고 해야 옳을 것이다.

그래도 나는 엄마가 아닌가. 그래서 하던 공부를 일단 접고 아이를 안아 올리는데 갑자기 짜증이 몰려왔다. 그러다 보니 아이를 안은 팔에 나도 모르게 힘이 들어갔는데 아이 입장에서는 그게 몹시 불편했던 모양이다. 경모가 자지러지듯 울음을 터뜨리더니만 멈출 줄을 몰랐다. 달래 보았지만 아이는 점점 더 심하게 울더니 나중에는 숨까지 까딱까딱 넘어갔다.

그러나 순간 이상하게도 아이에 대한 걱정보다 서러운 감정이 북받쳤다. 그래서 나는 우는 아이를 안고 함께 울어 버렸다.

허둥거리며 달려온 남편 덕에 무사히 상황을 넘겼지만, 돌이켜보면 당시 나는 일 때문에 피곤한 것보다 여러 가지로 어려움을 보이는 경모로 인해 극도로 불안한 상태였다. 그런 상황에서 일을 그만두었더라면 나의 불안한 마음이 그대로 아이에게 전해졌을 거다. 특히나 유독 예민한 편에 속하는 경모는 엄마의 불안을 한층 더 크게 받아들였을지도 모를 일이다.

그리고 아마 나 역시 소위 말하는 '애 잡는 엄마'가 되었을지 모른다. 의사 노릇을 그만두었으니 자연히 공부도 그만두었을 거고, 아무런 정보도 없이 그저 애 탓만 하며 내 생각대로만 밀어붙였을 테니까.

그러나 경모 같은 케이스가 아니더라도 아이의 교육을 엄마만 전적으로 맡는 것은 좋지 않다고 생각한다. 그 어떤 이론으로 무장했다 하더라도 아이들에게 하루 종일 시달리다 보면 피곤해지고, 그러면 짜증이 나게 마련이고, 그 짜증스런 마음은 어떻게든 아이에게 표출되기 때문이다.

그래서 나는 엄마들에게 일부러라도 봉사활동 등 일상에서 벗어날 수 있는 탈출구를 만들라고 권한다. 육아나 가사로 인한 정신적인 부담감을 떨칠 수 있도록 말이다. 그러면서 말한다. 아이를 대할 때만큼은 늘 상쾌하고 기쁜 마음이어야 한다고.

그럼에도 불구하고 일하는 엄마는 엄마로서 부족한 부분이 어쩔 수 없이 생기게 마련이다. 그래서 나는 두 아들을 키우며 일하는 엄마의 부족함을 메우기 위해, 아니 그것을 오히려 강점으로 삼기 위해 몇 가지 원칙을 정해 두었다.

일주일 중 하루는 오로지 놀기 위한 날이다

예전부터 경모와 정모가 일주일 중 가장 좋아하는 날이 바로 토요일이다. 그날만큼은 나는 병원과 관련한 일이건 아니면 개인적인 일이건 만사 제쳐두고 두 아이와 함께 놀았기 때문이다. 중요한 인터뷰 요청이 들어와도 거절했다. 아이들과 하는 게 그저 놀이공원에 가서 노는 것인데도 여기에 예외는 없었다. 물론 어쩔 때는 초조하기도 했다. 가뜩이나 학교 공부를 어려워하는 경모(물론 지금은 아니지만 말이다)를 데리고 이 시간에 한 자라도 더 가르쳐야 하는 게 아닌지, 남들처럼 학원에 보내야 하는 게 아닌지 갈등했던 것이다.

하지만 갈등도 한 순간, 이내 고개를 젓는다. 물론 당장의 공부도 중요하지만 그보다 더 중요한 건 그 공부를 이룰 기반을 다지는 일이기 때문이다. 성장기의 아이들은 견디고 인내하는 힘이 어른보다 약하다. 그래서 그 나이에는 공부도 일종의 스트레스가 된다. 더구나 나처럼 일하는 엄마의 경우 일주일 동안 엄마와 함께 하지 못했다는 것마저 아이에겐 스트레스로 작용할 수 있다. 때문에 그것을 정기적으로 풀어 줘서 스트레스가 쌓이는 걸 막아야 한다. 이는 결과적으로 공부를 보다 효율적으로 해 나갈 밑거름이 된다.

주 1회든, 월 1회든 아이와 규칙적으로 공부한다

초등학교 시절 경모는 일요일 오후가 되면 으레 책상 앞에 책을 펼쳐두고 앉았다. 일요일 오후에 엄마와 함께 공부한다는 걸 습관처럼 받아들였기 때문이다.

처음엔 그랬다. 경모가 워낙 학교 공부를 따라가지 못해 사실 학습지건 과외건 극약 처방이 필요했다. 하지만 앞서 말했듯이 경모는 학습지를 매일 한다거나 과외 선생님의 통제 속에 공부를 하는 것이 거의 불가능했다. 그렇다고 내가 매일 아이를 앉혀 놓고 가르쳐 줄 수도 없는 노릇. 그래서 생각해 낸 것이 주말 공부였다. 학습지를 신청해 놓고 일주일에 한 번 몰아서 그 주의 진도를 확인하는 작업이었다.

주말 공부는 당장 두 가지 면에서 효과가 있었다. 첫째, 집중력이 짧은 경모는 일주일에 단 한 번 몰아치기로 공부를 해서인지 공부 자체를 그렇게 지겨워하지는 않게 되었다. 일주일에 단 3~4시간이니 집중력도 훨씬 높았고 그만큼 효과도 좋았다.

또한 시키고 돌아서는 식이 아니라 두 시간이든 세 시간이든 함께 상의를 하고 문제를 해결해 나가다 보니 경모 마음 안엔 함께한 시간만큼 엄마에 대한 신뢰가 쌓였다. 어느 일요일에 몸이 너무 아픈 적이 있었다. 하지만 경모와의 공부 때문에 억지로 자리에서 일어났다. 그런데 경모가 슬그머니 방문을 열더니만 "엄마, 오늘은 나 혼자 할게. 지난주에 엄마가 가르쳐 준 대로 하면 되지? 하다가 모르는 것만 물어볼게"라는 거였다.

그것은 함께했던 시간이 가져다 준 결과였다. 경모 스스로 공부하게끔 하는 효과까지 가져온 것이다. 그때부터 경모는 나와 함께 공부를 해 나갈 때 수동적으로 듣기보다는 먼저 묻고 미리 공부를 하는 등의 적극성을 보였다.

어떤 선택이건 100퍼센트 최선책이어야 한다

일하는 엄마이기 때문에 아무래도 여러 가지 채우지 못하는 면이 있는 게 사실이다. 아이마다 약간의 차이는 있겠지만 특히 공부에 있어 엄마가 시간을 못 낸다는 것은 어떻게 보면 치명적일 수도 있다. 그래서 흔히들 생각하는 것이 학습지나 학원 등 대안을 마련하는 것이다.

물론 나도 마찬가지다. 주중에는 시간을 낼 수 없는 탓에 본의 아니게 학원이나 학습지 등의 도움을 받을 수밖에 없는 상황이었다. 나는 그 상황 자체를 거부할 생각은 없었다. 그러나 그 선택에 있어 열 번 생각하고 백 번 찾아다니는 신중함을 보인다. 결국 그것들이 나를 대신해 줄 교사이기 때문이다.

그 선택에 실패할 경우 차라리 안 하느니만 못한 결과를 초래한다. 그래서 나는 학원이건 학습지건 일단 내 눈으로 처음부터 끝까지 모두 확인하고 나서야 판단을 내린다. 좀 더 구체적으로 말하자면 학원을 선택할 경우 학원 주변의 환경, 담당 선생님의 인격, 같이 공부할 친구들, 그리고 학습 방식 및 과제물 등 어느 것 하나 꼼꼼히 따져 보지 않는 것이 없다.

학습지를 선택할 때도 일단 나는 여러 가지 종류를 두고 내가 직접 풀어 본다. 단순히 암기를 위한 것인지, 조금이라도 색다른 요소가 들어가 있는지, 지금 내 아이의 부족한 면을 제대로 채워 줄 수 있는지, 그리고 내 아이 학습법에 가장 근접한 것인지 등 생각할 수 있는 모든 것들을 고려해서 선택하는 것이다.

때론 한 번의 제대로 된 선택이 직접 가르치는 것보다 훨씬 더 나을 수 있다.

아이가 정말 필요로 할 땐 예외 없이 달려가라

가끔 정모가 내게 이런 말을 할 때가 있었다.

"엄마 오늘 안 나가면 안 돼?"

순간 만감이 교차한다. 못 들은 척해야 하나, 아니면 안아 주고 달래 줘야 하나……. 그러나 정모가 그런 반응을 보이면 일단 일을 줄인다. 그것이 일종의 신호일 수 있기 때문이다. 물론 습관적으로 엄마에게 매달리기만 한다면 뾰족한 수가 없겠지만, 일단 이해해야 할 것은 그 나이에는 당연히 엄마를 필요로 한다는 것이다.

때문에 어쩔 수 없이 엄마와 떨어져 있는 아이는 늘 엄마를 목말라한다. 그런데 그 수위가 정도를 넘어설 때가 있다. 그 수위는 아이마다 다르지만 민감한 엄마는 그것이 단순한 어리광에 불과한지, 아니면 정말 마음으로부터의 호소인지 그 차이를 느낄 수 있다.

만일 아이가 마음으로부터 엄마를 필요로 할 경우 나는 그 어떤 상황에서라도 100퍼센트 시간을 낸다. 그리고 그 순간 절대 아이를 설득하려 들지 않고 아이의 요구를 최대한 채워 준다. 그러기 위해 내가 하는 일은 남편을 비롯한 주변의 협조를 적극적으로 구하는 것이었다. 아이가 좋아할 만한 대상은 어느 누구를 막론하고 모두 이용한다는 거다.

정모나 경모 모두 시댁 식구들을 무척 좋아하는 편인데 때론 나는 아이들을 위해 시댁이 있는 부산까지 먼 길을 마다 않고 달려갔다. 그렇게 해서 엄마와 함께 있는 충족감에 +α까지 채워 주고 나서야 나는 내 본연의 모습으로 돌아간다.

내가 조금은 무리를 해서라도 아이의 욕구를 충족시켜 주는 것은 그 시기의 아이들은 생활이 곧 학습으로 직결되기 때문이다. 좀 더 구체적으로 말하자면 일상생활에 있어서의 정서적 충족감은 곧 학습에 있어서 120퍼센트의 효과를 가져온다. 특히 정모처럼 엄마가 특별히 다른 학습을 시키지 않아도 자기가 알아서 학습 자극을 찾는 경우, 정서적 측면이 흐트러지면 주변의 모든 학습 자극을 거부하는 증세를 보인다.

이때 엄마가 온 힘을 다해 아이와 함께하면 흔들렸던 정서가 비로소 안정을 찾고 아이가 바로 선다. 엄마가 보이지 않아도, 항상 함께 있지 않아도 자신을 사랑하고 있다는 신뢰감이 아이의 정서적 안정으로 이어지고, 이것이 곧 학습과 직결되는 것이다.

내가 세운 네 가지 원칙의 중심에는 아이를 이해하고 아이 입장에 선다는 공통분모가 있다. 그러나 그 무엇보다 나는 '생각을 바꾸면 세상이 바뀐다'는 진리를 믿는다. 이것은 일하는 엄마로서, 그리고 너무 다른 두 아이를 기르는 엄마로서 몸소 체험한 것이기도 하다.

이 원칙들이 모든 일하는 엄마들에게 똑같이 적용될 것이라고는 생각하지 않는다. 아이마다 차이가 있으므로 그 방법 또한 조금씩은 달라질 것이다.

그러나 무엇보다 엄마 자신이 생각을 긍정적으로 바꾸면 그것이 곧 아이에게 전달된다. 그러는 와중에 방법은 자연스럽게 찾아지게 마련인 것 같다.

일하는 엄마라고 아이 공부 못 시키라는 법은 없다. 역으로 집에만 있는 엄마라고 해서 아이 공부를 잘 시킨다는 법도 없다. 그런 환경적 제한에도 불구하고 아이를 공부시킬 수 있는 방법은 무궁무진하다. 다만 그 무엇이든 아이 입장에서 생각한다는 기본만 확실하다면 말이다.

아이 학습에 아빠가
절대적으로 필요한 까닭

● "홍경모 너 정말 이럴래!"

화산 폭발. 한 번씩 이런 일을 겪을 때마다 내 머릿속에선 바위산 꼭대기에서 쿠르릉 하고 용암이 솟구치는 장면이 떠오른다. 사방팔방 불꽃이 튀는 그 화산 바로 위에는 경모가 키득거리고 웃고 있다.

"엄마가 먼저 약속한 일이잖아!"

화를 돋우려고 작정이라도 한 듯, 한마디도 지지 않고 대드는 경모. 주말에 놀러 가기로 분명 약속은 했지만, 그 전제로 수학 공부를 미리 마치기로 합의하지 않았던가. 하지만 경모는 놀러 가기로 한 것만 기억하고 공부 마치기로 한 것은 전혀 모르는 척하고 있었다. 책상머리에 앉아 그렇게 실랑이를 벌인 것이 한나절. 엄마 말대로 아침 일찍부터 수학 공부를 했더라면 벌써 마치고 집을 나섰겠지만, 경모는 공부할 생각은커녕 무조건 나가자고 하루 종일 졸라대기만 했다.

참고 달래 보려고 했지만 나 역시 사람이 아닌가. 성인군자가 아닌 다음에야 이런 상황에서 매번 그림책 속의 자상한 엄마가 될 수는 없는 노릇이었다. 결국 그날도 나는 아이 앞에서 이성을 잃어가고 있었다.

그 순간 등장한 경모의 흑기사.

"경모야, 공부 다 했으면 아빠랑 나가자!"

"공부를 다……."

내 말이 끝나기도 전에 남편은 경모 손을 붙잡고 문밖으로 줄달음을 친다. 그 옆에서 눈치를 보던 정모도 재빨리 아빠 뒤를 쫓아 나선다. 얼른 일어나 막으려고 했지만 삼부자는 이미 현관문 앞에서 신발까지 신고 나갈 태세다.

"요 앞에서 햄버거나 먹고 올게."

남편은 능청스럽게 이렇게 말했다. 경모와 정모는 한걸음 뒤에서 아빠 허리를 부둥켜안고 있다. 내가 무슨 말인가 꺼내려고 하자 남편은 대뜸 "경모, 너 이따가 공부 마저 할 거지?" 하며 내 말을 막아 버린다. 그 말이 끝나기가 무섭게 얼른 "응" 하고 대답한 경모는 현관문을 열고 뛰어나간다.

매번 이런 식이다. 언제나 남편은 나보단 아이들 편이다. 그러면서 애가 학교에 잘 다니길 바라냐고 물으면 "당신이 잘 하잖아. 나는 교통정리만 하면 되는 거 아닌가?" 하고 얼버무린다. 그 교통정리란 게 매번 이런 식이어서 문제지만 말이다.

그런데 요새 들어 이런 남편을 볼 때마다 어린 시절 내 아버지의 모습이 떠오르곤 한다.

어릴 때 방안에서 엄마 몰래 만화책 그림을 베끼며 놀던 적이 있었다. 한참 재미있게 그리고 있는데 방문이 슬며시 열려 얼마나 놀랐던지. 내가 놀라는 것을 보고 더 깜짝 놀란 아버지는 그때 내게 그랬다.

"우리 의진이 그림도 잘 그리네. 커서 화가가 될 건가 보다."

만화를 그리다가 엄마한테 들켜 혼난 적이 몇 번이었던가. 그런 내게 아버지의 그 한마디가 얼마나 따뜻했는지 모른다.

생각해 보면 아버지는 무척이나 바쁜 분이셨다. 사업을 하느라 집안에 신경을 쓸 겨를이 없으셨고, 때문에 아버지 얼굴 보는 게 하늘의 별 따기였다. 그래서였을까. 아버지는 별로 내 공부에 관여하지 않으셨다. 아마 내가 일 년에 시험을 몇 번 치르는지도 잘 모르셨을 거다.

그럼에도 불구하고 기억 속의 아버지는 내게 든든한 백그라운드였다. 어릴 적 워낙 왈가닥이었던 나는 한 달에도 몇 번씩 보온도시락 통을 깨뜨리기 일쑤였는데 어느 달엔가 세 번이나 도시락 통을 깨뜨렸다. 정말 큰일 났다 싶었다. 집에 돌아가면 엄마에게 혼날 게 뻔했으니까. 생각 끝에 나는 아버지를 찾아갔다. 아버지는 내 도시락 통을 보고는 아무 말 없이 내 손을 잡고 어디론가 가셨다. 아는 분이 하시던 공장이 있는데 그곳에서 아버지는 도시락 통의 깨진 겉 부분을 감쪽같이 고치고선 이렇게 말씀하셨다.

"이건 너랑 나랑 비밀이다. 엄마한텐 얘기하지 않기야. 알았지?"

그때 나는 엄마에게 혼나지 않아도 된다는 것보다 아버지와 둘만의 비밀이 생겼다는 사실이 너무 신났다.

때로 아버지는 시험이 끝날 때에 맞춰 작은 선물을 주곤 하셨다. 그때 기억으론 시험을 잘 봐서 선물을 주신 게 아니었다. 단지 공부하느라 수고했다며, 조금만 더 힘내라며 응원차 주시는 선물이었다. 방문을 몰래 열고 살금살금 들어와 말없이 선물을 두고 나가시는 아버지 덕에 나는 공부하는 게 무척 신이 났더랬다. 그런 아버지께 어머니는 자꾸 그러면 내가 버릇없어진다며 잔소리를 하셨지만, 아버지의 비밀 선물 공략은 그 후로도 계속되었다.

대학 입시를 앞둔 어느 날, 주변 사람들은 한결같이 내게 서울대에 가야 한다고 말을 했지만, 유일하게 아버지는 "너 하고 싶은 대로 해야 후회를 안 한다"고 말씀해 주셨다. 그리고 어머니조차 모르게 나를 연세대 입학원서 접수처까지 데리고 가 손수 원서를 써 주셨다.

"여자도 말이야 이젠 자기 일을 해야 하는 세상이란다. 아버지는 네가 그랬으면 좋겠다."

그 말씀이 지금의 나를 이 자리에 있게 한 가장 큰 힘이 되었음은 물론이다. 스물넷 이른 나이에 시집가는 딸을 앞에 두고 아버지는 결혼식장에서 처음으로 눈물을 보이셨다. 그 눈물 안에서 비로소 지난날 내게 쏟았던 당신의 사랑을 보았다고 한다면 너무 철없는 말일까.

그런데 참 이상한 건 그런 아버지와는 참 다른 모습임에도 불구하고 경모 아빠에게서 아버지의 모습을 문득문득 본다는 거다.

분명 남편은 아버지와는 달랐다. 무심해도 그렇게 무심할 수가 없고,

몰라도 그렇게 모를 수가 없었다. 언젠가 나 대신 경모 준비물을 챙겨 달라고 부탁했더니만 경모에게 "준비물 챙겨!" 그 한마디 하고는 방으로 들어가 누워 버렸다. 너무나 기가 막혀 내가 한마디 하려고 들자, 벌떡 일어나서는 경모 방으로 가 또 이렇게 말했다.

"경모야, 내일 뭐 가져가면 되는지 적어 놓고 자라. 그리고 내일 그거 챙겨 가는 거 잊지 마."

그 말은 경모에게 준비물을 챙기라는 게 아니라 어서 자라는 말과도 같았다. 그러나 경모가 제대로 듣는지 안 듣는지도 확인 안 하고 다시 들어와 눕는 남편. 그러면서 이런다.

"애도 얼마나 피곤하겠어."

둘째에게는 다르냐고 하면 그것도 아니다. 정모한테 동화책을 읽어 주기라도 하면 정모가 먼저 아빠 손에서 책을 뺏어 들고 나한테 온다.

"엄마가 읽어 줘. 아빠가 읽어 주면 너무 재미가 없어. 어떻게 나보다도 더 못 읽지?"

건성으로 한 번 쓱 읽고 "됐지?" 하는데 누구인들 재미있어 할까.

그런데 정말 이상한 것은 공부에 관해서는 엄마 옆에 붙어 있다가도 두 녀석 다 놀 때가 되면 제 아빠만 찾는다는 거다. 엄마랑 놀면 재미가 없다나. 삼부자가 노는 모습을 보고 있으면 아이 어른이 없는 것 같다. 셋이 한데 어우러져 정말 친구처럼 논다. 아이 아빠를 보면 놀아 주는 게 아니라 자기도 그 분위기에 어우러져 신나게 즐기는 게 역력하다. 그 모습에 기가 막혀 웃은 적이 한두 번이 아니다.

어쩔 때는 아이들 공부 시간까지 무시하며 놀기만 하는 남편을 보며 신경질이 나기도 하지만 그렇게 한바탕 놀고 나면 아이들은 한동안 공부하는 걸 지겨워하지 않는다. 그리고 그 약발(?)이 생각보다 참 오래간다.

자기만 좋은 역할을 하려는 것 같아 가끔은 얄밉기도 하지만 그런 남편의 모습을 보며 학습에 있어서의 아빠의 역할에 대해 새삼 생각해 보게 된다.

세상 모두 아빠들이 같은 모습일 수는 없겠지만 적어도 한 가지 원칙은 있는 것 같다. 엄마든 아빠든 적어도 한 사람은 아이 학습에 있어 반대급부적인 자세를 가져야 한다는 것이다. 마치 줄다리기를 하듯, 한쪽에서 학습으로 아이를 몰고 가면 다른 한쪽에서는 아이의 숨통이 트일 만한 여유를 만들어 줘야 한다. 그것이 균형을 이룰 때만이 아이는 학습이라는 스트레스를 현명하게 극복해 나갈 수 있다. 일종의 완충작용이라고 할까.

나 역시 그랬다. 어머니 아버지 모두 나를 사랑해 주셨지만 그 표현 방법은 두 분이 사뭇 달랐다. 어머니가 전전긍긍 발을 굴러 가며 이것저것 챙기셨다면, 아버지는 한 발자국 떨어져 있으면서 내게 한여름의 느티나무 같은 역할을 하셨다. 보고만 있어도 숨통이 트이는 그런 존재 말이다. 아버지 덕분에 나는 숨 막히는 학교 공부에서도 웃음을 잃지 않을 수 있었고, 그 힘이 결국 나로 하여금 공부를 포기하지 않게 했다.

내 남편도 경모와 정모에게 그런 역할을 하지 않았을까. 엄마인 내가 생활 깊숙이 학습을 적용시키는 존재라면, 남편은 알게 모르게 쌓여 가는 학습의 부담감을 훌훌 털어 주는 그런 존재일 거다.

 그런 의미에서 볼 때 어쩌면 아이 학습에 있어 나보다는 남편의 역할이 더 클지도 모르겠다. 결국 그런 남편의 모습이 아이로 하여금 학습에 대한 기본 태도를 긍정적으로 갖게 하는 기반이 될 테니까.

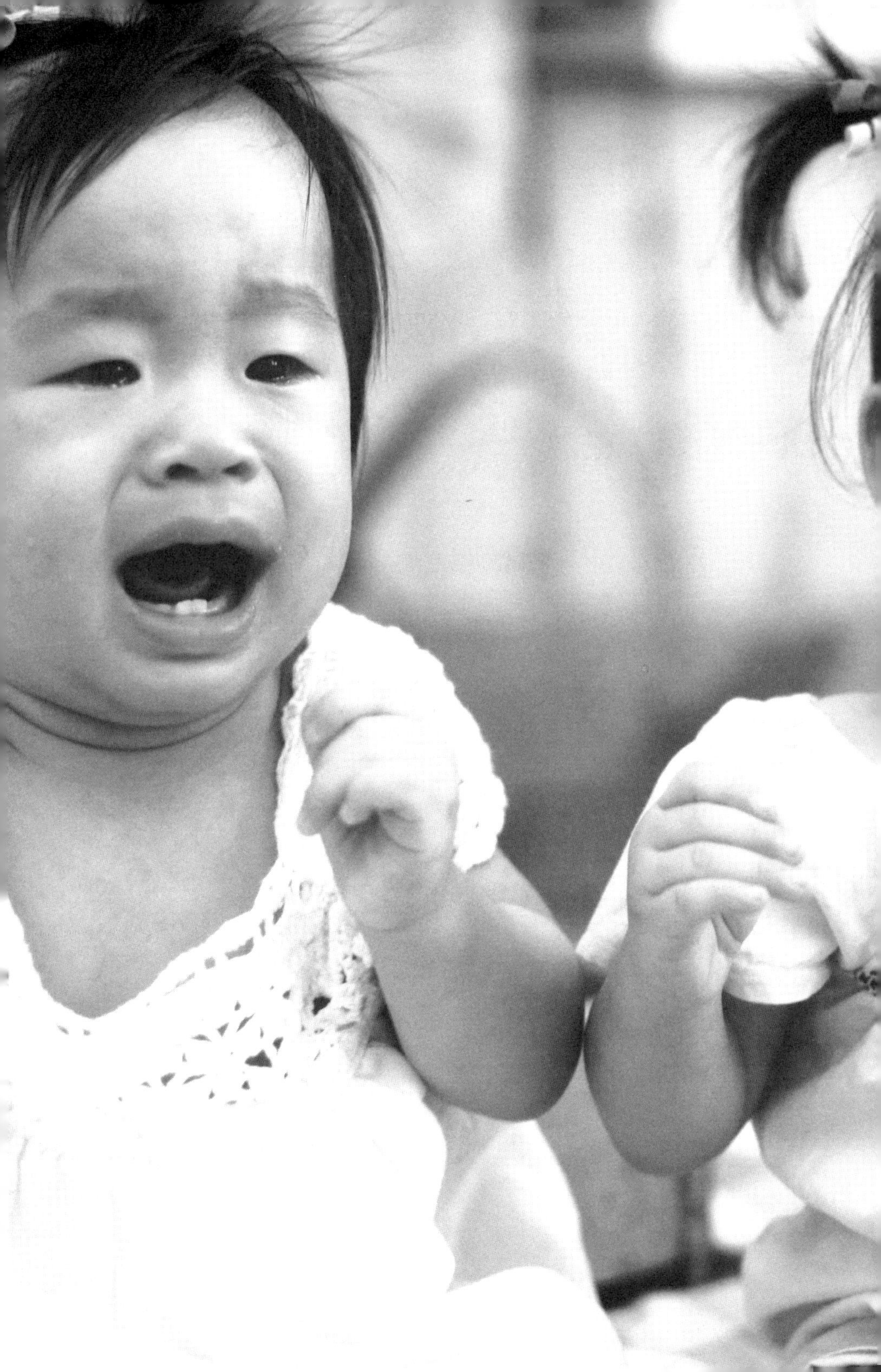

chapter 4

내가 두 아이를
키우면서
배운 것들

내가 세상에 태어나서 가장 잘한 일이 있다면
그것은 아이를 낳은 일일 게다.
껍질을 깨고 나온 듯한 이런 깨달음은 부모가 되지 않고서는
절대 맛볼 수 없는 즐거움이기 때문이다.

결코 불가능한
꿈은 없다

● 미국의 케네디John F. Kennedy 대통령은 아이들을 무척이나 사랑했다. 심지어 각료실에는 한동안 흔들 목마가 놓여 있기도 했다. 그는 각료들에게 이렇게 말했다.

"저 흔들 목마를 여기에 놓는 이유는 언제나 어린 세대를 생각하고, 그들을 책임져야 한다는 사실을 되새기기 위해섭니다."

케네디의 말이 나의 가슴을 울리는 이유는 내가 소아정신과 의사인 탓도 있지만 바로 두 아이를 키우는 엄마이기 때문이다. 보다 정확히 말하자면 내가 사랑하는 아이들이 행복하게 살기를 바라며, 그런 환경을 만들어 주고픈 마음이 간절하기 때문이다. 어느 부모가 제 자식이 불행해지는 꼴을 보고 싶겠는가.

1994년 미국 샌프란시스코에서 열린 세계 소아정신과 학회에 참가했을 때의 일이다. 학회의 커다란 이슈는 여성의 산후우울증에 관한 것이었다. 그 연구 결과에 따르면 미국 산모의 10퍼센트 이상이 우울증에 시달리고 있었다. 그런데 아프리카의 어느 부족 여자들에게선 산후우울증을 전혀 찾아볼 수 없었다. 복지 수준을 따져 보아도 미국이 한참을 앞서는데, 왜 이런 결과가 나왔을까 갑자기 궁금해졌다.

 알고 보니 사정은 이랬다. 그 아프리카 부족이 살고 있는 곳은 땅이 척박하기 때문에 여성이건 남성이건 노동 강도가 굉장히 세다. 그런데 일단 여성이 임신을 하면 상황이 180도 달라진다. 여자들은 임신부터 시작해서 출산 후 일 년까지 일을 하지 않는 것은 물론 집에서 잘 먹고, 잘 자며, 오로지 마을 할머니들과 함께 어린 아이들을 돌보는 일만 한다. 육아 경험이 풍부한 할머니들에게서 아이 기르는 법을 전수받는 것이다.

 태어난 아기가 젖을 뗄 무렵까지 계속되는 이 생활은 여성들에게 일생 최고의 행복이 아닐 수 없다. 그전까지 잠자는 시간만 빼고 하루 종일 뙤약볕 아래서 일만 하다가, 모든 사람들의 배려 속에 집에서 편히 쉬면서 아이만 돌보는 이들에게 어떻게 우울증이 생길 수 있겠는가. 예측컨대 그 아프리카 부족 사회에서는 산후우울증은 물론 아동 문제 역시 찾아볼 수 없을 것이다. 아이 낳는 일을 개인의 문제가 아닌 공동의 문제로 인식하고 배려하는 사회적 분위기라면 그들의 육아 환경이 어떠하리라는 것은 짐작하고도 남음이 있기 때문이다.

 그러나 갑자기 아프리카 부족 여인들의 행복한 표정과 함께 지난날의 내 모습이 동시에 떠오르면서 마음이 착잡해졌다. 의사라는 직업을 가진 나는 동료들에 비해 결혼도 빨리 했고, 아이도 빨리 낳은 편이다.

큰아이 경모를 임신한 것이 스물일곱, 레지던트 1년차일 때였다.

그런데 나는 그때 결코 행복하지 못했다. 당시 나는 눈 코 뜰 새 없이 바빴다. 진료와 연구는 왜 그렇게 많은지 하루 몇 시간밖에 못 자는데도 늘 시간이 부족했고, 그 와중에 환자들을 보면서 매주 몇 번씩은 꼬박 밤을 새며 병원에서 당직을 서야 했다. 그러므로 임신했다는 소식은 나에게 청천벽력과도 같은 절망을 뜻했다.

'공부도 똑같이 하고, 돈도 똑같이 벌고, 고생도 함께하는데 왜 여자는 임신이라는 것 때문에 이 고생을 해야 할까.'

나는 그때 여자로 태어난 것을 처음으로 후회했다. 부른 배를 안고서도 남들과 똑같이 당직을 서고, 공부도 뒤질세라 열심히 했지만 그래도 주위의 시선은 따가웠다. 조금이라도 힘든 내색을 보이면 '임신은 왜 해서 난리람' 하는 주위 분위기가 그대로 내게 전해져 왔다. 그래서 고백컨대 나는 아이를 지울 생각도 했었다(아직도 그 부분에 있어서는 큰아이에게 미안하다).

그렇게 눈치를 보며 지내다가 임신 7~8개월 무렵 배부른 몸을 이끌고 경기도 용인까지 파견 근무를 나갈 일이 생겼다. 하지만 계속해서 쏟아지는 비에, 조산기까지 있었던 터라 도저히 근무 나갈 엄두가 나지 않았다. 생각 끝에 파견 스케줄을 조정할 수 없을까 해서 선배를 찾아갔다. 하지만 되돌아오는 말은 "너 혼자만 배려해 줄 수는 없다"는 것이었다. 당시 그 말을 내게 전했던 사람은 두 아이를 키우고 있던 아버지였다. 아이를 키우고 있는 사람에게서조차 배려 받지 못하는 현실.

그 사건으로 인해 나는 처음으로 내가 살고 있는 이 사회에 대해 분노를 느꼈다. 미래의 주역들을 낳고 기르는 여자들을 보호하고 대접하기는커녕, 무시하고 아무렇게나 대하는 한국 사회가 끔찍하게 느껴졌다.

그러나 더 걱정되는 것은 아이를 낳은 후였다. '도대체 아이를 누구에게 맡겨야 하나'부터 시작해서 앞으로 펼쳐질 일들을 그려 보면 암담하기 그지없었다. 소아과 의사인 남편은 그런 내가 걱정되는 눈치였지만 적극적으로 나서서 문제를 해결하려는 의지를 보이지는 않았다.

의사 생활과 아이 키우기를 병행하는 것은 결코 쉽지 않았다. 하루는 아이 우유병을 소독하다가 집안에 불을 낼 뻔했다. 아이 돌보랴, 공부하랴 지쳐 있던 나는 한쪽 벽이 까맣게 타들어가는 것도 모르고 어느새 깊은 잠에 빠졌던 것이다. 다행히 옆집 아주머니가 낌새를 채서 큰불은 막았지만 그렇지 않았으면 어떻게 되었을까, 생각만 해도 아찔하다.

우리 회사에 미국에서 자격증을 갓 딴 젊은 변호사가 새로 들어왔다. 한국 사람이지만 미국 시민권을 가지고 있고, 한국어를 거의 할 줄 모르는 사람이었다. 그의 아내는 한국에서 고등학교를 졸업하고 미국으로 건너간 여자였다. 그런데 이 친구가 늘 '독신 생활'을 하는 것이었다. 농담 삼아 "마누라는 어떻게 했느냐?"고 물어보면 "또 도망가 버렸다"고 대답한다. 두 사람의 관계에는 아무 문제가 없는데, 미국 생활에 익숙한 그의 아내가 좀처럼 한국 생활에 적응을 하지 못해, 왔다가도 이내 미국으로 '도망' 가곤 한다는 것이다.

나는 그의 이야기를 들으면서 나름대로 짐작이 갔다. 한국은 남자들에게는 아주 살기 좋은 곳인지 몰라도 여자들에게는 정말 답답하고 불편한 나라인 것 같다. 특히 여자는 결혼을 하면 남편과 자식 뒷바라지에다 시댁의 각종 행사까지 일일이 챙기지 않으면 안 된다. 그 와중에 직장 생활까지 한다는 것은 정말이지 어지간한 용기와 각오가 없으면 힘든 일이다.

이 이야기는 제프리 존스Jeffrey D. Jones가 쓴 『나는 한국이 두렵다』라는 책에 나온 내용인데, 나는 그 글을 읽으면서 갑자기 내가 정말 대단하게 느껴졌다. 그 여자가 남편을 놔두고 미국으로 '피신'을 갈 정도로 아이를 낳고 기르기에는 최악인 한국에서, 나는 아이를 둘씩이나 낳고, 그 아이들을 키우며, 직장 생활도 하고 있지 않은가.

내 자랑을 하려는 것이 아니다. 한국에는 그런 여성들이 너무나 많다. 그 여성들이 모두 위대하다고 말하고 싶은 것이다. 전업주부들도 마찬가지다. 육아에 대한 책임이 고스란히 엄마에게만 맡겨진 현실 속에서 전업주부 또한 고통을 겪고 있기는 똑같기 때문이다.

아이보다 더 아픈 엄마들. 나를 찾아와서 한숨을 쉬며, 혹은 눈물을 흘리면서 이런저런 상담을 하는 엄마들을 볼 때마다 그런 생각이 든다. 아이가 어디 먹고 자는 것만 해결된다고 해서 저절로 자라는 존재이던가. 특히 어린 아이일수록 엄마뿐만 아니라 가정 전체가 그 아이의 일거수일투족에 관심을 갖고 물질적 정신적 에너지를 온전히 쏟아야만 한다. 그런데 현실은 단지 엄마라는 이유로 엄마 혼자 아이를 떠맡는다. 그러니 안 아플 수 있겠는가. 주부 우울증이 심해지는 것도 생각해 보면 아주 당연한 결과다.

하지만 그렇다고 해서 주저앉아서는 안 된다. 어느 날인가 너무 힘들어서 일이냐, 아이냐를 놓고 고민하다가 우연히 미국의 한 잡지를 보게 되었는데 한 줄의 문구가 나를 붙잡았다.

'저주(Curse)냐, 축복(Blessing)이냐.'

그것은 아이를 갖는다는 것이 직장 생활을 하는 젊은 여성에게 저주가 될 것인가, 축복이 될 것인가란 내용이었다.

'아이가 세상에 태어난 것은 축복받을 일이지 절대 저주받을 일이 아니다. 만약 저주로 끝난다면 내 아이가 너무나 불쌍하다. 그 아이가 무슨 죄인가. 가장 사랑받아야 할 엄마에게 '엄마의 인생을 망친 장본인이 바로 너다' 라는 원망을 들어야 하다니.'

거기까지 생각이 미치자 나는 나를 위해서건, 아이를 위해서건 이대로 무너질 수는 없다는 결심이 섰다.

나는 그 뒤부터 소위 '슈퍼우먼' 이 되었다. 한 손으로는 아이를 재우면서 다른 한 손으로는 책에 밑줄을 치면서 공부했고, 두 시간에 한 번은 잠에서 깨는 아이 때문에 꼴딱 밤을 새우고 출근한 다음 몰래 '쪽잠' 을 자고, 주말이면 아이를 안고 공부를 했다. 물론 월급은 타는 족족 낮 동안 아이를 봐 주는 보모에게 다 갖다 바쳤다.

가끔씩 강의를 들은 여학생들이 내 존재 자체가 힘이 된다며 이메일을 보내오곤 한다. 그 내용의 대부분은 "어떻게 하면 끝까지 일을 포기하지 않을 수 있느냐?"는 것이다.

나는 그들에게 나처럼 슈퍼우먼이 되라고 얘기해 주고 싶지는 않다. 그것은 결코 도와주지 않는 주변 환경 속에서 일과 사랑하는 아이 둘 다 포기하고 싶지 않았기 때문에 어쩔 수 없이 한 선택이었으니까. 나는 다만 그들에게 이런 얘기를 해 준다.

"결코 불가능한 꿈은 없다."

아무리 어려운 상황이라도 포기하지 않으면 길이 보이게 마련이다. 뉴욕 대학의 종교학 교수 제임스 카스James Carse는 가족을 '무한 게임'이라고 말했다. 축구, 선거, 수많은 사업 등 한쪽이 이기는 것을 목적으로 하는 '유한 게임'과 달리 무한 게임은 게임을 지속시키는 것이 목적이다. 따라서 무한 게임에서는 참가자 모두가 승리를 폭넓게 나누어 가질 수 있어야 한다.

그러므로 여자의 소리 없는 희생이 따르는 승리가 아니라 가족 모두가 함께 맛볼 수 있는 승리, 그것을 위해서 고민하고 싸워라. 싸워 보지도 않고 포기하면 절대 안 된다. 분명 후회할 것이기 때문이다. 그리고 나는 믿는다. 남들이 불가능하다는 꿈을 꿀 수 있는 사람은 결국 승리할 수밖에 없다고.

마지막으로 나는 바란다. 나처럼 미련하게 슈퍼우먼이 되는 방식 대신 좀 더 영리하고 현명한 방법으로 승리하는 사람이 늘어나기를. 그리하여 더 이상 가족이라는 게임에서 일방적으로 희생되는 여성들이 없기를.

내가 소아정신과를
택한 이유

어느 날 막 돌이 지난 아이를 안은 젊은 엄마가 나를 찾아왔다. 이제야 아장아장 걷기 시작한 조그만 아기에게 무슨 마음의 병이 있기에 여기까지 왔을까. 그러나 의문이 채 가시기도 전에 내 눈앞에서 아이가 벽에 머리를 찧기 시작한다. 화들짝 놀라 아이를 달래는 엄마의 팔뚝은 아이에게 물어뜯겨 상처투성이다.

그간에 어떤 일들이 있었기에 아이의 병이 저토록 깊어졌을까. 나는 우선 진료실 옆에 마련된 놀이방에서 아이와 엄마가 함께 놀아 보게끔 했다. 아니나 다를까. 아이를 대하는 엄마의 모습이 어딘지 모르게 어색하다. 아이가 엄마의 잘못된 양육 태도로 인해 정서장애를 일으키고 있었다. 한동안 그 모습을 지켜본 뒤 엄마를 불러 앉혀 놓고 아이가 엄마와 함께 치료를 받아야 한다고 설명했다. 그런데 대뜸 엄마가 영 믿기지 않는다는 눈초리로 묻는다.

"아니, 선생님은 아이가 노는 모습만 보고 그걸 어떻게 알죠?"

이럴 땐 참 곤란하다. 기본적으로 환자와 의사 사이에 신뢰가 없으면 진단이든 치료든 그 무엇 하나 제대로 이루어지지 않는다. 특히나 마음을 터놓고 이야기하는 것이 필수인 정신과에서 이런 태도로는 도무지 해결점을 찾을 수 없다.

그렇다고 그 엄마의 마음을 이해 못 하는 바는 아니다. 사람의 마음이라는 게 눈으로 확인할 수도 없을뿐더러, 더구나 보이지도 않는 마음을 마치 몸처럼 진단하고 처방한다는 게 미심쩍을 수도 있을 것이다.

고백하건대 사실 의예과 시절의 내가 그랬다. 한번은 심리학 강의를 듣는데 아기가 엄마를 가장 먼저 느끼고 사랑하게 되는 이유는 바로 젖을 주는 젖가슴 때문이란다. 즉 아기가 처음에 엄마를 인식할 때 엄마라는 존재 자체보다 부분적으로 젖가슴만을 인식한다는 것이다. 프로이트가 주장했다는 그 이론을 듣고 처음에는 경악을 금치 못했다. 도대체 사랑이란 인간의 고귀한 정신을 그렇게 난도질하듯 분석한다는 게 가능한 일인가.

그러나 사람의 일이란 정말 한치 앞을 모른다는 게 맞는 말이다. 대학교 3학년 때, 언제부턴가 한 남학생이 나를 쫓아다니기 시작했다. 처음에는 그런가 보다 했다. 하지만 갈수록 그의 행동은 도를 넘어섰다. 그는 나와 같은 의대생도 아닌데 내 주위를 하루 종일 맴돌았다. 심지어는 수업 시간까지 쫓아 들어왔다.

그러던 어느 날 새벽, 공부하다가 무심코 창문을 열었는데 그가 전봇

대 밑에서 내 방을 쳐다보며 꼼짝 않고 우두커니 서 있었다. 그 전날 집으로 전화가 왔을 때 안 나갈 테니까 그냥 집에 가라고 했는데, 그는 내가 나올 때까지 기다리겠다고 했다. 그런데 정말 안 가고 그렇게 나를 기다리고 있었던 것이다. 소름이 끼친다는 말은 그럴 때 쓰는 말일 게다.

점점 정도가 심해지자 집에서도 난리가 났다. 하지만 그는 그럴수록 나에게 더욱더 집요하게 매달렸다. 파출소 사건. 아직도 나는 그 일을 잊을 수가 없다. 어느 날 새벽에 파출소에서 전화가 왔다. 어떤 남자가 파출소에 들어와서는 내가 자기 돈 20만 원을 훔쳐갔으니 되돌려 받아야겠다며 꼼짝 않는다는 것이었다. 어머니와 함께 놀라 달려가 보니 그 사람이었다. 내 얼굴을 보기 위해 있지도 않은 사실을 꾸며낸 것이었다.

그 뒤 나는 알 수 없는 신경쇠약 증세에 시달리기 시작했다. 보다 못한 어머니는 그의 집을 찾아가 하소연을 하기도 했다. 그래도 안 되자 어머니는 내가 시집가면 그 사람도 어쩔 수 없을 거라며 서둘러 결혼시켰다. 나는 내 의지와는 상관없이 펼쳐지는 일련의 끔찍한 스토킹을 경험하며 고민이 많아졌다.

'과연 무엇이 저 사람으로 하여금 그런 행동을 하게 만들었을까?'

멀쩡한 한 인간을 스토커로 변하게 만드는 정신세계가 도대체 무엇인지 궁금했다. 그래서 심리학을 학문 취급도 안 하던 내가 정신과를 지망하게 되었다. 그리고 본격적으로 인간의 마음에 대한 연구를 하면서 그 누구도 정신적으로 완벽할 수는 없다는 사실을 알게 되었고, 심리학이 다른 학문 못지않은 과학적인 근거들에 기반하고 있다는 것도 알게 되었다. 그러면서 나는 나의 정체성과 나 자신조차 미처 인식하지 못하고 있는 정신적인 문제들을 찬찬히 되짚어 보게 되었다. 결국 나는 정신과 공부를 통해 스토킹의 후유증에서 벗어날 수 있었다.

인간의 정신에 대한 내밀한 공부를 계속하면서 나는 나름대로 사람에 대한 이해의 폭이 넓어졌다고 생각했다. 하지만 결혼을 해서 아이를 낳고 보니 이게 또 아니었다. 말도 못하고, 그렇다고 행동이 분명하지도 않은 아이를 이해한다는 것은 외계인을 이해하는 것만큼이나 어려웠다.

언젠가 집에 돌아와 보니 보모 할머니 손에 찢어진 꽃무늬 원피스가 들려 있었다. 큰아이 경모가 꽃무늬를 보더니만 갑자기 옷을 낚아채 찢어 버렸다는 거였다. 왜 그랬을까. 아이가 말을 할 줄 알면 물어보기라도 할 텐데.

뿐만이 아니었다. 아이는 걸핏하면 짜증을 부리고 물건을 집어던지곤 했다. 참는 데도 한계가 있지 나는 화가 나서 아이가 물건을 집어던지면 나도 던지고, 소리를 지르면 나도 함께 고함을 쳤다.

처음에는 아이가 내 말을 듣는 듯했다. 평소에 늘 따뜻하게 대해 주던 엄마가 폭발하는 모습이 낯설고 충격적이었나 보다. 그러나 그것도 잠시뿐이었다. 거기에 익숙해진 아이는 나아질 기미를 보이기는커녕 오히려 전보다 더 심하게 떼를 쓰고, 고집을 부렸다.

이대로는 안 될 것 같았다. 소아정신 분야의 책들을 뒤지기 시작했다. 내가 모르는 아이의 세계에 대해 알아야겠다는 생각이 들기 시작한 것이다. 그러지 않고서는 나도 아이도 점점 더 불행해질 것 같았다. 공부를 하다 보니 경모가 왜 그때 소리를 지르고, 물건을 던졌는지 차츰 이해가 가기 시작했다. 결국 나는 정신과의 여러 분야 중 소아정신과를 택하게 되었고, 그때 이후로 경모는 몰라보게 좋아졌다. 밥 한 번 먹는 데도 전쟁을 치러야 했던 아이가 반찬투정 없이 얌전히 밥을 먹는다. 어디 그뿐인가. 자기 아닌 다른 사람을 전혀 배려할 줄 모르던 아이가 지금은 어려운 사람들을 보면 먼저 가서 관심을 갖고 도와주려 한다. 그런 경모를 보고 있으면 내가 소아정신과를 택하길 참 잘했다는 생각이 든다.

어린 시절의 경험은 훗날 그 사람의 인생을 결정짓고, 그의 자식에게까지 영향을 미친다. 나는 요즘 상담하러 오는 아이와 엄마들을 만나면서 생각한다. 이 땅의 모든 엄마들이 조금만 더 아이를 이해하려고 하고, 자신의 '부모됨'에 대해 되돌아보는 시간을 갖는다면, 그 작업이 제대로 이루어지기만 한다면 마음이 아픈 아이와 엄마가 한결 줄어들지 않을까.

남편의
부모 노릇 배우기

● "이제 그만 일어나요. 애들이랑 놀이공원 가기로 했잖아요."

일요일 오전 10시. 아무리 깨워도 침대에 엎드린 채 일어날 생각도 안 하는 남편에게 한마디 던진다.

"꼭 놀이공원에 가야 할까? 그냥 집에서 놀면 안 될까?"

애원조로 말하는 남편. 새벽에야 집에 돌아왔으니 피곤할 만도 하다. 그래도 애들과 한 약속이니 어길 수는 없다. 다시 남편을 깨우려니 어느새 둘째가 들어와 침대에 뛰어오른다.

"아빠~."

코맹맹이 소리를 내며 아빠 팔에 안겨든 지 불과 몇 초. 깨워도 들은 척 안 하던 남편이 "정모, 어디 가고 싶어?" 하며 벌떡 일어난다. 둘째가 승리자의 얼굴로 내게 눈을 찡긋거린다. '아빤 엄마 말보다 내 말을 더 잘 들어!' 하는 표정이다.

배신감(?)이 들긴 하지만 아이 말이 맞다. 내 남편은 시쳇말로 아이라면 '껌벅 죽는' 사람이다. 종합병원 소아과 전문의로서 바쁜 것으로 치자면 나보다 더하지만, 그 와중에도 하루 몇 통씩 아이에게 안부 전화하는 것을 잊지 않는다. 숙제는 잘 했느냐, 밥은 잘 먹었느냐, 어디 아픈 구석은 없느냐 등 남들이 보면 홀아비 아니냐고 착각할 정도다.

지금은 누가 보아도 인정할 만한 자상한 아빠가 되었지만, 예전에는 남편 역시 아주 전형적인 가부장적 사고를 가진 남자였다.
'아이는 엄마가 키우는 것, 왜냐면 여자가 아이 키우기에 더 이롭게 태어났으니까.'
평일에는 병원 일로 바쁘고, 토요일에는 동료 의사들과 함께 테니스를 치러 다니고, 어쩌다 시간이 생겨도 연구할 게 있다며 병원으로 줄행랑치기 일쑤였다. 가끔이라도 아이들에게 자상한 아빠 역할을 했느냐고 하면 그것도 아니다. 가뭄에 콩 나듯 아주 가끔씩 아이를 맡게 되면, 채 두 시간도 안 되어 아이와 싸우곤 했다. 같은 동화책을 계속 읽어 달라고 해서 짜증이 난다나. 어린 아이들이 반복적인 놀이를 좋아하고 즐긴다는 것은 정말 기본적인 사실이다. 그런데 "아까 읽어 줬는데 그새 까먹었어?" 하고 아이에게 면박을 주는 남편을 보면 가끔은 정말 소아과 의사가 맞는지 의심이 들 정도였다.
뿐만인가. 애가 울어도 밤에 절대 깨어나는 법이 없었다. 밤새 아픈 아이를 돌보느라 충혈된 내 눈을 보고는 "무슨 일 있었어?" 하고 물을 정도였으니 그 무심함이 오죽했을까. 기가 막힌 마음에 남편에게 "낮에 떨어져 있을 때 애가 보고 싶지 않느냐"고 물었더니, 병원에서 환자를 보고 있노라면 아예 아이 생각이 나지 않는단다.

그런 남편을 보면서 당시의 내 기분이 어땠겠는가. 특히나 남자아이들은 아빠의 모습을 보고 이를 삶의 모델로 삼게 마련이다. 즉 어린 시절 보아 왔던 아빠의 모습이 그대로 잔상으로 남아 훗날 성인이 되었을 때 표본으로 작용한다는 말이다.

그런데 아빠의 모습을 보고 배우기는커녕, 만날 시간조차 없으니 아들만 둘을 키우고 있는 나로서는 억장이 무너지는 듯했다. 그래서 참 많이 싸웠는데 그래도 남편은 변할 줄을 몰랐다. 그런데 절대 변하지 않을 것 같았던 남편이 바뀌기 시작했다. 결정적인 변화의 계기가 된 것은 다름 아닌 일 년 반 동안의 미국 유학 생활이었다.

남편은 외국으로 나가 공부할 기회를 얻었고, 나 역시 영유아 심리에 대해 보다 전문적인 공부를 해야 할 필요성을 느껴 미국 유학을 떠났다. 1996년 큰아이가 여섯 살, 둘째가 채 두 돌이 안 되었을 때였다.

상황이 도와준다는 말이 있다. 미국에서 남편과의 생활이 꼭 그랬다.

참고로 이야기하자면, 한국 남자들의 동료애는 참 유별나다. 유학을 떠나기 직전, 주말마다 테니스를 치러 다니는 것도 모자라 비행기에 오르기 열두 시간 전까지도 친구들과 어울려 술자리를 갖던 사람이 바로 내 남편이다. 비틀거리며 비행기에 올라 몇 시간이 지난 후에야 제정신을 차리는 남편을 보고 '도대체 미국에선 어떻게 살까' 하는 생각뿐이었다.

그러나 한국에서와는 다르게 매주 토요일마다 꼬박꼬박 쉬고, 더구나 타국에서 만날 친구도 별로 없던 남편은 자연스럽게 집에 있는 시간이 많아졌다. 본인이 싫다고 해도 아이들과 함께하는 시간이 많아졌던 것이다. 아이에게 공부를 가르치는 일부터 시작해서 밥 먹이는 일, 데리고 노는 일, 목욕하는 일 등등.

그때를 생각하면 사실 웃음이 난다. 왕초보 아빠와 말썽꾸러기 아들들과의 전쟁이라니. 아이의 꽁무니를 쫓아다니며 소리소리 지르는 아빠와 약 올리듯 도망 다니는 아들 녀석. 그렇게 생활한 지 6개월. 남편이 처음으로 아이에 대한 진지한 얘기를 꺼냈다.

"애한테 이런 문제가 있었는지 정말 몰랐어."

태어날 때부터 예민하고 까다로운 기질이 있던 큰애를 두고 한 말이었다. 그리고 이어서 말했다.

"그동안 어떻게 아이를 키웠지?"

그것은 남편의 진심이 담긴 물음이었다. 한국에서는 아이와 밥 한 숟갈 함께 뜰 시간조차 없던 사람이, 무려 한 시간씩이나 걸리는 아이의 식사 시간에 동참했으니 그 깨달음이야 말할 것도 없을 게다. 뿐만 아니었다. 남편이 아이의 잠버릇, 노는 습관, 무얼 좋아하고 싫어하는지 등 아이에 대한 모든 것들을 알게 된 것도 바로 미국에서였다.

그 뒤로 남편은 확실히 변했다. 본인 스스로가 아빠로서의 책임감을 깨달은 탓도 있지만 변화의 원동력은 바로 아이들이었다. 전 같았으면 아빠의 불호령에 엄마 치마폭으로 얼굴을 파묻었을 아이들이, 아빠와 함께하는 시간이 늘면서 아빠를 찾는 정도가 빈번해졌다. 아무리 야단을 맞아도 어느새 풀어져 금세 아빠 품에 달려들곤 했으니 어느 아빠인들 그 모습에 반하지 않을 수 있을까. 나중에는 괜히 내가 남편과 아이 사이의 방해꾼이 된 듯한 느낌이 들 정도였다.

예전에는 아무리 애를 써도 아이에게 시선조차 돌리지 않던 남편이었다. 때문에 나와 남편 사이의 갈등도 많았고, 아이들이 아빠를 외면하는 일도 많았다. 그런데 그렇게 노력을 해도 바뀌지 않던 남편이 미국에서의 일 년 반 동안 완전히 변한 것이다.

'아, 결국 필요했던 건 그저 아이들과 함께하는 경험이었구나.'

한국에 돌아와서 남편은 다시금 바쁘고, 정신없는 생활로 돌아갔다. 하지만 예전처럼 아이들을 나 몰라라 하지 않았다. 그렇게 좋아서 주말마다 치러 다니던 테니스도 그만두었다. 공을 치러 나가면 아이들이 눈에 밟힌단다.

그런 남편을 보고 친구들은 못난이가 다 되었다고 한마디씩들 하는 모양이다. 그러나 그래도 남편은 요지부동이었다. 그리고 아이들이 좋아서 어쩔 줄 모르는 남편을 보고 친구들도 무언가 깨달은 바가 있었는지, 남편처럼 주말을 아이와 함께 보내기 시작했다.

얼마 뒤 경모가 갑자기 맹장염에 걸려 수술을 받았는데, 나는 수술을 우리 병원에서 시키자고 했다. 그러자 남편이 나에게 다른 사람들이 여자가 일터에서 아픈 아이 때문에 자꾸 병실을 들락거리면 안 좋게 볼 테니 자기네 병원에 입원시키자고 했다. 아빠의 아이 사랑은 사람들이 예쁘게 봐 준다는 것이었다. 그리고 아이가 걱정돼서 자기 옆에 두고 봐야지 안 그러면 일이 안 될 것 같다는 얘기도 덧붙였다.

아빠에게는 정말 '기른 정'이라는 말이 맞는 것 같다. 남편 말에 의하면 그때가 아니었다면 아이에게 그토록 애틋한 마음은 생기지 않았을 테고, 내가 얼마나 아이 키우느라 고생하는지도 몰랐을 거라고 하니까 말이다.

형제 사이에도
강은 흐른다

● 가끔 집에서 두 아이가 노는 모습을 지켜보면서 '피는 못 속인다'는 말을 실감한다. 생김새도 그렇지만 노는 모습이나 취향까지도 첫째는 제 아빠를, 둘째는 엄마인 나를 닮았다.

큰 녀석은 혼자서 무얼 만들며 노는 것을 좋아한다. 어렸을 때부터 레고를 주면 앉은 자리에서 한 시간이든 두 시간이든 푹 빠져 있기가 예사였다. 그렇게 한번 일을 시작하면 끝장을 보는 성격이 아빠를 꼭 닮았다.

그러면서 제가 하기 싫은 일은 곧 죽어도 안 한다고 한다. 한 길만 고집하는 녀석의 그런 외곬도 아빠와 비슷하다. 나이 오십이 넘어서도 진료와 연구밖에 모르는 남편을 보며 혹시 녀석도 저렇게 사는 게 아닐까 하는 생각도 든다.

둘째는 형과는 정반대다. 형이 어딘가 모르게 소극적이고 자기 세계에 빠져 사는 걸 즐기는 반면, 둘째는 매사 적극적으로 무엇이든 새로 배우는 걸 좋아한다. 그리고 하는 일마다 참 열심히 하고 잘 해낸다. 그래서 둘째를 보고 있으면 큰아이를 키우며 힘들었던 순간들을 보상받고 있다는 생각마저 든다.

그러나 나는 출중한 둘째를 보며 오히려 큰애보다 더 신경이 쓰일 때가 있다. 둘째는 형이 가진 지적인 능력을 대단하게 생각하고 거기에 시샘을 느낀다. 그래서 어떻게든 그것을 따라잡으려 든다. 무엇이든 원하고 배우고 싶어 하는 둘째의 내면에는 이런 심리가 숨어 있다.

언젠가 큰아이에게 미술을 가르치려고 한 적이 있었다. 내면의 욕구들을 그림을 통해 밖으로 표출시키면 아이의 어려운 성격이 조금은 나아질까 해서였다. 그런데 엉뚱하게도 둘째가 나서는 거였다.

"왜 형아만 시켜 주고 나는 안 시켜줘? 나도 배울래."

물론 그것이 나쁜 것만은 아니다. 형이 갖고 놀았던 장난감과 각종 교구들, 형이 가진 학습 능력(여러 번의 시행착오를 거쳐 좋은 것만 남게 된) 등은 동생에게 일종의 시뮬레이션Simulation 역할을 해 준다. 굳이 시키지 않아도 형 곁에 두는 것만으로 많은 것을 얻고 배운다는 의미이다. 그래서 어느 집이든 둘째는 여러 면에서 형에 비해 좋은 환경에 놓이게 마련이다. 형에 의해 걸러진 것들을 그대로 가져가기 때문이다. 워낙 똑똑하게 타고난 데다가 형을 이기겠다는 집념이 강하다 보니 굳이 내가 무엇을 시키지 않아도 둘째는 저 알아서 무엇이든 배워 간다.

그러나 뒤집어 생각해 보면 이는 둘째로서의 아픔이다. 형 때문에 엄마의 사랑을 빼앗기고 있다는 억울함과 설움이 그런 식으로 표출되는 것이다. 그래서 일종의 보상 심리인지 둘째는 아주 어렸을 때부터 유독 형에 대해 고자질을 많이 한다. 형이 무엇 하나 잘못하기만 하면 쪼르르 달려와 "형이 이랬어" 하며 시시콜콜 다 일러바친다.

그럴 때마다 나는 일단 아이가 하는 말을 끝까지 듣는다. 그리고 마지막에 "그랬구나 정모야. 그런데 네가 얘기 안 해 줘도 엄마는 다 아는데" 하고 덧붙인다. 절대 야단치는 법은 없다. 그렇게 말하는 아이의 마음을 알기 때문이다.

때문에 내가 둘째 아이를 기르며 신경을 쓰는 것은 그런 아이의 마음을 달래고 말리는 일이다. 그래서 둘째가 형과 비교하며 고집을 부릴 때마다 이를 억지로 막으려 들지는 않는다. 그런 욕구를 충족시켜 줌으로써 '나도 엄마에게 사랑받고 있다'는 느낌을 아이가 잃지 않았으면 하는 바람에서다. 형 몰래 "너도 훌륭하다, 형은 네 나이 때 너보다 못했다" 등의 말을 해 주는 것도 다 그런 이유 때문이다.

다만 아이를 지켜보면서 아이가 제 욕심에 겨워 스스로를 힘들게 만들 때는 완곡한 표현으로 아이를 달랜다.

"힘들지 않니? 이거 꼭 하지 않아도 돼. 이게 전부는 아니야."

그러나 이것이 모든 경우에 먹히지는 않았다. 그래서 꾀를 낸 것이 애초에 형과 비교할 수 없는 다른 영역으로 아이를 유도하는 것이다. 처음부터 경쟁의 여지가 생기지 않도록 만들기 위해서이다.

하다못해 CD 한 장을 사 줘도 그렇다. 절대 같은 내용의 것을 두 아이에게 사 주지 않는다. 큰아이는 큰아이 성격에 맞는 것을, 작은아이에게는 작은아이 성격에 맞는 것을 따로 사 준다. 오죽하면 두 아이가 과도하게 서로를 의식하는 것을 막기 위해 컴퓨터를 따로 준비했을 정도다.

그런데 일부 엄마들은 오히려 형제간의 경쟁의식을 부추긴다. "형은 잘 하는데 넌 왜 못하니?", "넌 형이 되어서 동생만도 못하니?" 하는 식으로 말이다. 그런데 굳이 그렇게 부추기지 않아도 충분히 형제끼리는 경쟁의식을 갖는다. 오죽하면 내가 사람들에게 동생을 본 형의 마음을 '첩을 본 본처' 마음에 비유했을까.

뿐만인가. 초등학교에만 들어가도 아이는 남과 경쟁하는 데서 오는 압박감을 맛보게 된다. 굳이 엄마가 나서지 않아도 아이는 경쟁 환경 속에 놓이게 된다는 말이다. 미리부터 경쟁을 통해 정서적으로 억눌림을 맛보게 할 필요가 어디 있겠는가.

엄마들은 자기 아이가 똑똑하거나 남보다 뛰어나면 앞뒤 사정을 재 보기도 전에 무조건 기뻐한다. 그러나 나는 그럴 때 오히려 엄마 자신을 비롯한 주변 환경을 둘러보는 말을 하고 싶다. 우리 둘째처럼 형이 있는 경우가 아니더라도 무언가 눈에 보이지 않는 환경적인 강요에 의해 아이의 능력이 필요 이상으로 나타나는 건 아닌지 말이다.

말로 시켜야만 그것이 강요가 되는 것은 아니다. 엄마의 표정에서, 집안 분위기를 통해서 얼마든지 아이가 강요받을 수 있는 여건은 조성된다. 우리 둘째 아이 역시 글을 읽는다. 형이 글을 읽는 것을 계속 지켜보며 무형의 압박을 받아 왔기 때문이다.

 이럴 때는 엄마가 나서서 말려야 한다. 그렇게 해야만 아이가 진정 자신이 원하는 바를 찾아갈 수 있기 때문이다. 특히 형제를 둔 엄마들은 유념할 필요가 있다. 형제 사이에도 강은 흐르고, 그 강이 형제를 망칠 수도, 살릴 수도 있다는 사실을…….

부모가 된다는 것의
의미 1

● 　나는 매해 여름휴가 때 가족들과 함께 부산의 시댁엘 다녀온다. 그것도 하루 이틀 지내고 오는 것이 아니라 휴가 일주일을 꽉 채우고 마지막 날 저녁이 돼서야 집으로 돌아오곤 한다.

　명절이야 그렇다 치고, 일 년에 단 한 번 맘 놓고 편히 쉴 수 있는 휴가를 그렇게 보내는 게 억울하지 않냐는 질문도 많이 받는다. 그러나 나는 누가 억지로 시켜서 그런 게 아니라 내가 좋아서 한다.

　아무리 좋아도 시댁은 시댁이라고, 나라고 처음부터 편한 건 아니었다. 단지 결혼 생활을 유지하기 위해서 모든 불평등을 감수해야 하는 것처럼 느껴졌고, 그게 억울하기도 했다.

　'똑같이 공부를 했는데 왜 여자인 나만 이렇게 지키며 살아야 하는 것들이 많은가. 왜 나만 자유롭지 못하고 구속을 당하는가.'

　이 생각들로부터 해방될 수 있었던 것은 내가 두 아이를 낳고 기르면서부터였다. 아이를 낳기 전까지는 시댁에 '끌려' 가면서 왜 이래야만 할까 막연히 괴로울 따름이었다.

그런데 아이를 낳고 나서 문득 '그 무엇과도 바꿀 수 없는 내 아이의 반쪽이 여기서부터 왔구나' 하는 생각을 하게 되었다. 진부할는지 모르지만 이 깨달음은 내게 무척 가슴 찡한 경험이었다. 그리고 엄마인 나보다 더 아이들에게 애정을 쏟는 시부모님의 모습을 보며 그 전까지는 미처 깨닫지 못했던 동질감, 아니 그 이상의 끈끈한 가족애를 느낄 수 있었다.

손주를 안아 들고 한시도 바닥에 내려놓지 않는 시아버지와, 행여 감기라도 들까 두꺼운 이불을 손수 챙겨 덮어 주는 시어머니의 모습을 보며 내 아이들이 그렇게 따뜻한 공간에 머물고 있다는 자체가 얼마나 감사했는지 모른다.

공통의 관심사가 생겼다는 것, 그것은 시댁과 나와의 거리감을 좁혀 주기에 충분했다. 그리고 아이를 기르면서 그전엔 절대 눈에 들어오지 않던 시어머니의 마음이 어느 정도 이해되기 시작했다.

'아들을 보내 놓고 얼마나 허전하실까.'

그것은 신혼 때 막연히 가졌던 생각과는 차원이 달랐다. 무섭도록 공감이 갔다고 하면 설명이 될까.

그러면서 내가 당하고(?) 있다고 생각했던 모든 상황들을 점차 다른 시각으로 바라볼 수 있었다. 이를테면 그전에는 그저 한 사람의 성인으로 판단하던 모든 것들을, 이제는 아이를 기르는 부모의 시각으로 바라볼 수 있게 된 것이다. 그렇게 되자 전에는 결코 용납할 수 없었던 일들에 대해 하나둘씩 고개가 끄덕여졌다.

그렇다고 내가 그전에 비해 그분들에게 무언가 특별히 잘하는 것은 아니다. 하는 건 그전이나 지금이나 똑같다. 그러나 내가 마음으로부터의 저항을 품으로써 시부모님 역시 나에 대한 껄끄러움이 많이 사라졌다는 것을 느낀다.

분명한 것은 이 모든 변화가 모두 아이들로부터 기인했다는 것이다. 내가 아이를 낳지 않았던들, 그래서 부모의 입장에 서지 않았던들 시댁과의 굴레를 떨쳐낼 수 있었을까.

이제는 종종 시댁 식구들과 함께 여행도 다닌다. 어릴 때부터 할아버지, 할머니, 그리고 많은 친척들로부터 사랑을 받고 자라 온 아이들은 그때마다 뛸 듯이 좋아한다. 그리고 그런 아이들을 보며 나는 아이들로부터 그 행복을 앗아서는 안 된다고 다짐하곤 한다.

아이가 생기고 난 후 내가 깨닫게 된 것을 단적으로 표현하자면 진정한 이타심이 주는 행복이었다. 내 아이가 행복해 하는 모습을 통해 그전에는 느낄 수 없었던 마음 속 깊은 곳으로부터의 충만감을 느낄 수 있었던 것이다. 그 충만감은 내가 아이 때문에 남에게 기쁜 마음으로 고개 숙일 수 있도록 도와주었다. 그전에는 절대 할 수 없었던 일들을 이제는 저절로 아무렇지도 않게 하는 나를 보며 스스로 놀라기도 한다.

특히나 큰아이를 키우면서 정말 많은 변했다. 매사 까다롭고 돌보기 힘든 큰아이가 남으로부터 상처를 받지 않기 위해서는 엄마인 내가 나서서 아이를 보호하지 않으면 안 되었다. 하다못해 놀이방 선생님은 물론 아이를 돌봐 주시는 할머니에게까지 나는 진심을 다해 아이를 위해 달라고 부탁했다. 자존심 따위는 이미 내 머릿속에 남아 있지 않았다. 아니 오히려 아이 문제를 두고 자존심 운운하는 자체가 우습게 느껴졌다.

아이가 학교에 들어간 뒤에는 더욱 그랬다. 집중력이 떨어지는 아이가 행여 선생님으로부터 미움을 사면 어쩌나, 혹시 상처받지는 않을까 하여 내가 할 수 있는 일은 무엇이든 다 했다.

솔직히 아이를 낳기 전 나는 자존심과 오기로 똘똘 뭉친 여자였다. 여자로서 의사의 길을 가기 위해, 그것도 대학 병원이라는 곳에 남기 위해 무던히도 노력했고, 그것은 내게 "독하다"는 말로 돌아왔다. 물론 그것이 주는 성취감 또한 무시할 것은 아니었다. 열심히 노력해서 얻게 된 결과는 나를 행복하게 했다.

그러나 지금에 와서 내게 사회적 성공과 아이로부터 얻는 행복 중 하나를 선택하라면 나는 주저 없이 후자를 택할 것이다. 그것은 비단 아이뿐만이 아니라 나 자신을 위한 것이기도 하다. 억지로 하는 희생이 아니라 정말 기뻐서 하는 희생은 엄마가 된 사람만이 경험할 수 있는 것이다.

그런데 묘한 것은 그런 깨달음으로 인해 그전까지는 너무나 벅차고 살벌했던 나의 사회생활이 무척 여유로워졌다는 점이다. 아이로 인해 많은 부분을 희생하고 감수해야 함에도 불구하고 오히려 짐이 덜어진 기분이다.

이것만은 꼭 해내야 한다고 밤새워 하던 일들도 한걸음 떨어져서 보면 '굳이 그럴 필요가 있을까' 하는 생각이 든다. 물론 그렇다고 내 생활을 소홀히 한다는 것은 아니다. 다만 달라진 마음가짐 때문에 전보다 훨씬 즐겁고 행복하게 해 나갈 수 있다는 것이다. 나의 그런 변화를 보며 주변 사람들은 무언가 달라졌다고 말한다. 그리고 전보다 훨씬 더 좋아 보인다는 말도 잊지 않는다.

그런데 병원에서 엄마들을 만나다 보면 많은 여자들이 아이를 낳고서도 그런 감정을 느끼지 못하는 것 같다. 왜 그래야만 하냐고 반발할지 모르지만, 나는 그런 엄마들을 볼 때마다 안타까울 따름이다.

결혼하기 전까지 미혼 여성들은 시댁에 잘해야 한다, 아이를 위해 자신을 희생해야 한다는 사실을 그저 덕목으로만 알고 있다. 그것이 현실로 다가서지 않고 그저 관념으로만 느껴질 뿐이다. 그렇기 때문에 그 이면의 숨은 이야기들을 놓치기 쉽다. 그것은 비단 덕목이나 관념으로 그칠 성질의 것이 아니다. 그리고 감정적으로만 접근할 문제도 아니다.

물론 내가 처음부터 쉽게 그럴 수 있었던 것은 아니다. 어색하기도 하고 회의감이 들기도 했다. 그러나 처음에는 아이를 위해서 시작했던 일들이 이제는 나 자신에게도 기쁨이 되었다. 결국 엄마란 아이의 행복을 나누어 갖는 존재들이 아닌가.

이렇듯 부모가 된다는 것은 세상의 그 어떤 일보다 멋진 일이다. 그 깨달음을 얻고 그로 인한 행복을 느끼기 위해서는 엄마 스스로 적극적인 자세가 되어야 한다. 그것은 그리 어려운 일이 아니다. 모성이라는 것은 엄마라면 누구에게나 공평하게 제공되는 본능이기 때문이다. 그저 그 원초적인 본능을 주목하고 거기에 모든 것을 맞추다 보면 시댁을 비롯하여 자신을 둘러싼 모든 환경에 대해 열린 시각을 갖게 된다.

  내가 세상에 태어나서 가장 잘한 일이 있다면 그것은 아이를 낳은 일일 게다. 껍질을 깨고 나온 듯한 이런 깨달음은 부모가 되지 않고서는 절대 맛볼 수 없는 즐거움이기 때문이다.

부모가 된다는 것의
의미 2

●   어느 날 텔레비전 드라마를 보고 있던 큰애가 뜬금없이 이런 말을 했다.

"전에 엄마랑 아빠도 싸웠던 적 있지? 나 그때 사실 너무 무서웠어."

무슨 말인가 싶어 텔레비전을 보니 한 젊은 부부가 다투고 있었다. 최근 들어 남편과 다툰 기억이 없는데 도대체 무슨 말을 하는 걸까 싶어 아이에게 물었다.

"성모, 너 꿈이라도 꾼 것 아니니? 엄마랑 아빠는 싸운 적이 없는데?"

큰애는 인상을 찌푸리며 한참을 생각하더니 이렇게 말한다.

"엄마는 커다란 안경을 쓰고 있었잖아. 파란색 윗도리를 입고 있었고 아주 깜깜한 밤이었어."

아이의 설명을 듣고 나는 소스라치게 놀랐다. 큰애가 떠올린 기억은

7~8년은 족히 된 일이었다. 남편과 싸웠던 나로서도 당시 기억이 가물가물한데 어떻게 아이가 그 일을 기억하고 있을까. 당시 경모는 말도 제대로 하지 못하는 어린 나이였다. 내게는 아주 사소했던 일이 아이에게는 수년이 지난 지금도 또렷하게 기억할 만큼 충격적인 일이었던 것이다.

솔직히 그 당시만 해도 엄마로서의 정체성을 갖지 못했던 나는 남편과 자주 다퉜다. 나를 둘러싼 문제에만 온 정신을 빼앗겼고, 그러는 동안 아이는 적잖은 상처를 받았던 것이다.

그 후 우리 부부는 부모로 인해 아이가 상처받는 일이 없도록 더욱 주의하고 있지만, 당시에 받았던 상처가 어떤 형태로든 아이 마음에 남은 것 같아 무척 마음이 아프다.

그 상처는 경모가 자라 부모가 되어 자식을 키울 때 부정적인 영향을 줄 수도 있다. 어느 누구라도 자신이 살아온 성장 환경의 그늘은 벗어나기 힘들기 때문이다. 부모가 형제 중 하나를 특별히 예뻐해서 소외감을 느꼈다거나, 형제간의 갈등이 유난히 심했다거나 하는 경험은 부모가 된 후에도 투영이 되어 아이를 대할 때 툭툭 나타난다. 부모가 예뻐했던 형제를 닮은 아이를 미워한다든가, 사이가 유난히 나빴던 형제를 닮은 아이를 멀리하게 되는 등으로 말이다.

어른들이 결혼 상대를 정할 때 '가정환경이 중요하다'고 못 박는 이유는 가정환경이 한 사람을 읽어 낼 수 있는 기본 틀이 될 만큼 중요하기 때문이다. 오죽하면 '집안 문제는 3대는 간다'는 말이 나왔겠는가.

배울 만큼 배웠고, 또 나름대로 성공가도를 달리고 있는 똑똑한 직장 여성 가운데 유독 아이 기르는 일엔 서툰 사람들이 있다. 성격도 원만하고 대인관계에도 아무 문제가 없는데 아이와 함께 있으면 바로 목석이 되고 만다.

그런 여성들을 보면 십중팔구 어린 시절 부모와의 관계에 문제가 있다. 어릴 때 부모로부터 유독 관심을 못 받았거나 반대로 심한 억압을 당하며 살았을 경우, 비록 그 경험이 잊혔을지라도 무의식에 남아 아이를 기르는 데 영향을 미치는 것이다.

얼마 전 나를 찾아왔던 엄마도 그랬다. 한눈에 보기에도 피곤한 기색이 역력한 그녀의 첫마디는 "도대체 애한테 어떻게 해 줘야 할지 모르겠어요"였다. 컴퓨터 프로그래머로서 최고의 실력을 인정받고 있던 그녀는 성격도 좋아 회사에서도 중간 관리자로서 탁월한 능력을 발휘하고 있었다. 그런데 아이를 낳고 나서부터 모든 게 엉망이 되어 버렸다. 임신 10개월 동안 나름대로 육아 서적도 보고 주위로부터 조언도 구했지만, 정작 아이가 태어나자 도무지 뭘 어떻게 해 줘야 할지 모를 정도로 막막했다.

무슨 일이건 완벽주의자인 그녀에게 아이 돌보는 일은 엄청난 스트레스로 작용했고, 급기야는 신경쇠약에 걸리고 말았다. 겉보기에는 아무런 문제가 없던 그녀. 그런데 몇 번의 상담 끝에 나는 그녀의 어머니가 평생 초등학교 교사 생활을 했다는 사실을 알게 되었다. 그래서 그녀는 갓난아이였을 때부터 친척들 집을 이리저리 옮겨 다니며 자랐고,

어느 정도 자랐을 무렵부터는 직장 생활을 하는 어머니를 대신해 집안 살림을 도맡아 하다시피 했단다.

결국 그녀가 자신의 아이를 제대로 돌보지 못했던 것은 어린 시절 어머니에게서 그만큼 보살핌을 받지 못한 탓이었다. 물려받은 사랑이 없으니 자신의 아이에게 나눠 줄 사랑이 있겠는가. 결국 그녀의 아이는 애정결핍으로 인해 여러 가지 장애를 보였고, 그 아이를 제대로 치료하기 위해 나는 그녀의 어머니까지 3대를 불러다 앉혀 놓고 방안을 모색해야 했다.

내 주변의 엄마들을 가만히 살펴보면 아이를 돌보는 데 있어 저마다의 특색이 있다. 유독 청결에 신경을 쓰는 엄마가 있는 반면, 아이 먹을거리에 관심을 많이 보이는 엄마도 있다. 재미있는 것은 그런 모든 행동들이 대부분 자기 무의식에 남아 있는 부모상에 기인한다는 것이다. 어릴 때 부모로부터 많은 보살핌을 받았던 엄마는 누가 가르쳐 주지 않아도 알아서 아이를 잘 돌본다.

가까이 있는 내 여동생만 봐도 그렇다. 낙천적이고 털털한 성격의 여동생은 유독 아이 기르는 일에 대해서만큼은 굉장히 조급해 하고 예민하게 구는 편이다. 하루가 멀다 하고 내게 전화를 해 오늘은 애가 어땠다는 둥 하며 이것저것 물어 온다.

그럴 때마다 나는 어린 시절 부모로부터 받은 경험들이 참 무섭다는 생각이 든다. 여동생에게서 어머니의 모습이 그대로 보여지기 때문이다. 나 역시 예외는 아니어서 집에서 아이들과 함께 있노라면 어머니의 모습이 머리에 문득 스칠 때가 있다.

나의 어머니는 자식에 대한 애정이 넘치는 분이셨다. 가끔 그 애정이 지나쳐 집착처럼 느껴질 때도 있었다.

언젠가 집 근처에서 어린이 유괴 사건이 일어난 적이 있었다. 그날 저녁 어머니는 어디선가 헌 옷을 잔뜩 구해 와서는 내일부터 당장 이 옷만 입고 다니라고 말씀하셨다. 당시 우리 집은 웬만큼 사는 편이었는데, 혹시라도 그걸 다른 사람들이 알면 내가 유괴당할지도 모른다는 이유에서였다. 어린 마음에 구질구질한 옷들이 왜 그렇게 싫었는지……. 그러나 어머니의 뜻을 거역 못 하고 한동안 여기저기 해어진 옷들을 걸치고 다녔다.

어느 해 겨울인가는 날씨가 춥다며 어디서 담요를 구해다가 외투를 만들어 입힌 적도 있으셨다. 그걸 보고 친구들이 어찌나 놀려대던지 아직까지도 기억이 생생하다. 지금에 와서 어머니께 여쭤 보면 "내가 그렇게 유별났었냐"며 되려 놀라는 표정을 지으신다. 어머니 딴에야 자식 아끼는 마음에서 그리 하셨겠지만 어린 마음에도 그런 배려가 조금은 귀찮고 답답하게 느껴진 적이 한두 번이 아니었다.

그런데 정말 알 수 없는 것은, 그런 어머니의 모습들을 지금의 내가 답습하고 있다는 것이다. 물론 한겨울에 옷을 껴입힌다든지, 유괴범 소식에 문을 걸어 잠근다든지 하지는 않지만, 아이가 학교생활에 잘 적응은 하는지, 은연중에 엄마 아빠로부터 압박감을 느끼고 있지는 않는지 신경 쓰이는 부분이 한두 가지가 아니다.

　직업상 주로 정신적인 문제에 대해 그런 경향을 보이지만, 어찌 되었건 간에 나 역시 어린 시절 어머니의 모습을 무의식중에 내 아이에게 그대로 투영하고 있는 것이다.

　결국 나에게 있어 부모가 된다는 것은 어린 시절을 되돌아봄으로써 나를 낳아 준 부모를 진심으로 이해하고, 받아들이는 과정을 의미했다. "자식을 낳아 봐야 부모 심정을 알지"라는 말이 나에게 해당되는 이야기였던 것이다.

　그리고 아주 가끔은 두렵다. 내가 잘못하면 내 아이를 거쳐 그 자녀에게도 영향을 미친다는 사실이……. 그래서 좀 더 아이들을 대하는 것이 조심스러워지는지도 모르겠다.

함께한다는 것의 위대함

● 형제가 있는 집은 다 마찬가지겠지만 우리 두 아들 녀석은 하루가 멀다 하고 티격태격 싸운다. 어느 날은 잠들기 직전까지 싸우는 두 아이를 중재하느라 시간을 다 보낸 적도 있다.

그런데 가끔 작은 녀석을 물끄러미 바라보고 있노라면 가슴이 짠하다. 큰아이가 워낙 문제가 많다 보니 작은아이까지 일일이 신경 쓸 수가 없었기 때문이다. 그리고 솔직히 말하자면 작은아이는 워낙 모든 면에서 뛰어났던 탓에 그냥 내버려 두는 면이 없지 않았다.

그런데 둘째가 드디어 엄마의 사랑을 마음껏 받을 수 있는 기회가 생겼다. 방학을 맞은 형이 며칠간 할아버지 댁에 다녀오겠다고 선언을 한 것이다. 큰아이가 떠난 다음날, 나는 둘째에게 온 하루를 바치기로 마음먹었다. 놀이공원에 갔다가 영화를 보고, 평소 잘 따랐던 삼촌 집에 들러 신나게 놀면서, 남이 보면 버릇없다는 소리가 나올 정도로 마음껏 즐기는 시간을 가졌다.

그날 저녁 집에 돌아온 후 잠자리에 들 무렵 둘째 녀석이 안방 문을 열더니 "나 엄마랑 잘래" 하고 말했다. 자라면서부터는 한 번도 잠자리에서 엄마를 찾지 않던 녀석이었다.

그러더니 다음날에는 일어나자마자 이렇게 말했다.

"나 오늘은 형 장난감도 안 만지고 얌전히 잘 놀게요."

평소 아무리 달래고 다그쳐도 고쳐지지 않았던 버릇 중 하나가 형 물건에 손을 대는 것이었는데, 아이가 스스로 그렇게 말하는 것이 대견스러웠다. 하지만 한편으론 참 가슴이 아팠다. 하노라고 했는데도 그동안 아이에게 엄마의 사랑이 부족했다는 것을 느꼈기 때문이다. 여하튼 며칠간 둘째는 평소에 형과 나눠 받던 사랑을 넘칠 만큼 받으며 무척이나 행복해 했다.

그뿐만이 아니었다. 엄마를 독차지하는 동안 아이에게 있었던 나쁜 버릇들이 눈에 띌 만큼 좋아졌다. 평소 아무렇게나 벗어서 던져두던 옷가지도 제가 알아서 개어 두고, 밥을 먹고 난 뒤 시키지 않았는데도 밥그릇을 설거지통에 넣더니만, 엄마 옷까지 정리하겠다고 나섰다.

나는 종종 엄마들에게 아이에게 '시간'을 내서 '관심'을 보이라고 말한다. 그런데 요새 엄마들은 시간과 관심이라고 하면 오로지 무언가 가르치는 것으로만 받아들인다. 아이의 행동에 다른 변화는 없는지, 마음에 상처를 입은 일은 없는지, 정서적으로 바른 성장을 보이고 있는지에 관심을 갖는 것이 아니라, 너도나도 어떻게 하면 똑똑하게 키울 수 있는지에만 열의를 보인다.

그러나 한 가지 분명한 것은 그 시간과 관심 속에는 엄마의 희생이 따라야 하며, 또한 그 안에 아이를 어떻게 만들겠다는 욕심이 없어야 한다는 것이다. 모든 것이 아이 위주로 맞춰져야만 그 시간과 관심이 비로소 효과를 거둘 수 있다. 내가 이런 이야기를 하면 직장에 다니는 엄마들은 이렇게 묻는다.

"아이에게 쏟는 시간의 양보다 짧은 시간이라도 어떻게 놀아 주느냐가 더 중요하다고 하던데요?"

물론 틀린 말은 아니다. 하루 종일 함께 있으면서도 자기 일만 하는 엄마와, 한 시간이라도 온 정성을 다하는 엄마가 있다면 어느 쪽이 아이에게 더 좋을지는 굳이 설명하지 않아도 알 것이다.

그럼에도 불구하고 아이는 엄마와 함께하는 일정 시간을 필요로 한다. 시간의 질을 따지기에 앞서 반드시 엄마와 아이가 함께 지내야 할 시간이 필요한 것이다.

큰아이가 생후 18개월쯤 되었을 무렵이었다. 아이가 갑자기 울면서 사사건건 짜증을 부렸다. 그러다 말겠지 했는데 하루 이틀 지나자 아이는 짜증을 부리다 못해 자기를 돌봐 주는 할머니를 때리고 발로 차기까지 했다.

그러나 아무리 생각해 봐도 아이가 정신적으로 상처받을 만한 일이 없었다. 병원 일로 바빴지만 퇴근 후에는 늘 최선을 다해 아이를 돌봐 왔고, 병원에서는 수시로 집에 연락해 아이가 잘 있는지 확인하곤 했었으니까.

뚜렷한 대안을 찾을 수 없었던 나는 결국 휴가를 얻어 일주일 정도 아이에게 매달렸다. 특별히 해 준 것은 없지만 한시도 아이와 떨어지지 않고 최선을 다해 아이를 돌보았다. 그런데 어떻게 해도 나아지지 않던 아이의 증상이 단 이틀 만에 호전되기 시작했다.

자상하신 보모 할머니가 온 정성을 다해 아이를 키웠음은 의심할 여지가 없지만, 아이에게 할머니와 엄마는 분명히 달랐다. 저녁 때 자기와 재미있게 놀아 주던 엄마가 다음날 아침이면 온데간데없이 사라져 버리니 아이 입장에서는 '감질 맛'이었다고나 할까.

내가 간과했던 것은 아이에게 필요한 '일정 시간'이었다. 무언가를 가르치려 들기보다 아무런 욕심 없이 아이와 놀아 주고, 아이에게 무조건적인 사랑을 베푸는 그런 시간 말이다.

첫째와 둘째의 일을 차례로 겪으면서 나는 느낀다. 그저 모자지간에 함께 있는 것만으로도 아이에게는 얼마나 좋은 교육이 되는지를……. 함께한다는 것의 위대함은 겪어 보지 않은 사람은 결코 모를 것이다.

내가 이런 이야기를 하면 특히 직장에 다니는 엄마들이 죄책감에 사로잡힌다. 그러나 늘 머릿속에서 아이를 잊지 않고 사는 것만으로 이미 절반은 이룬 셈이다. 또한 그러한 관심이 있으면 시간을 만드는 일은 그리 어렵지 않다는 것을 나는 이미 경험으로 체득했다.

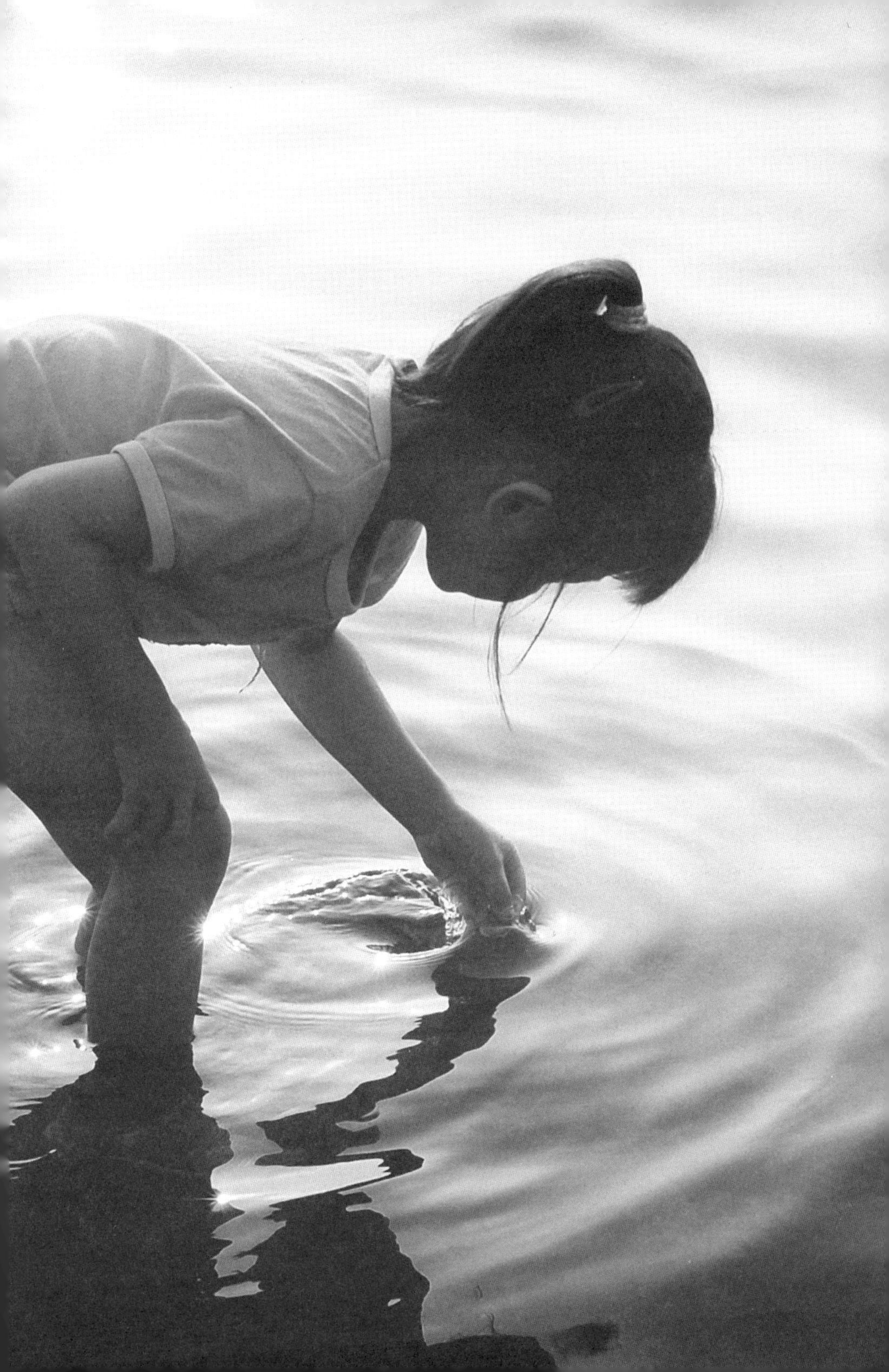

chapter 5

아이를 느리게
키우기 위한
원칙 10

조기교육을 안 시킨 덕분에 경모는
이제 공부를 잘한다.
정말로 나는 안 시켰기 때문이라고 믿는다.

감정 조절을
속옷처럼 생각하라

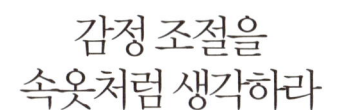

● 무엇이 마음에 들지 않았는지 갑자기 큰애가 울며 떼를 쓴다. 가지고 놀던 장난감이 어딘가 고장이 난 것 같다. 그런데 아무리 달래도 우는 아이를 진정시킬 수가 없다. 나중에는 장난감을 손에 잡히는 대로 마구 집어던지기 시작한다.

슬슬 속이 끓어오르기 시작한 나. 달래는 것을 포기하고 따끔하게 혼을 낸다. 그러나 그런 엄마의 마음을 아는지 모르는지 이제는 아예 바닥에 누워 데굴데굴 구르기 시작한다. 이쯤 되면 어찌 해 볼 도리가 없다. 마지막 히든카드.

"경모, 의자에 앉아 반성해."

아이의 얼굴에 순간 불만기가 스친다. 소리를 지르는 것으로 마지막 반항을 한다. 하지만 엄마의 단호한 표정을 보더니만 제풀에 못 이겨 씩씩거리면서도 의자에 가서 앉는다.

지금은 필요가 없어졌지만 아이가 서너 살 되던 무렵까지 우리 집 거실 한쪽 구석엔 '생각하는 의자'가 있었다. 아이가 막무가내로 떼를 쓸 때 달래고 야단치다 안 되면 쓰던 것이었다.

아이가 다섯 살 정도만 되어도 어느 정도 대화가 가능하지만, 그전까지 아이에게는 상황을 이해하는 사고력이 부족하다. 따라서 그 시기의 아이들은 엄마가 아무리 차분하고 알아듣기 쉽게 달래도 원하는 것을 이룰 때까지 무조건 떼를 쓴다. 우리 아이도 그랬다.

그래서 생각해 낸 것이 '생각하는 의자'다. 처음에는 '이게 과연 효과가 있을까' 반신반의하는 마음으로 아이를 의자에 앉혔다. 사실 아이를 반성시키려는 의도보다는 흥분한 내 마음부터 진정시켜야겠다는 생각이 더 컸다.

아이와 싸우다 보면 어느 순간 엄마인 내가 더 흥분하고 화를 내는 경우가 많았다. 그래서 갈등이 풀어지기는커녕 더 악화되기가 일쑤였다.

언젠가 내가 보던 환자의 아빠로부터 전화가 왔다. 내가 방송에 나가서 인간의 폭력성에 대해 이야기했던 것을 본 모양이었다. 그때 요지는 이랬다.

폭력성이라는 것은 모든 인간의 본능이기 때문에 어릴 때부터 잘 조절할 수 있도록 부모가 도와줘야 하며, 그러기 위해서는 부모 자신부터 자신의 감정을 올바로 추스르는 모범을 보여야 한다. 아이에게 어떤 문제가 있어도 되도록 화내지 말고 잘 받아 줘라.

그 아빠는 대뜸 나에게 이렇게 물었다.

"왜 아이만 생각하고, 부모들의 아픈 마음과 고달픈 심정을 몰라 주는 겁니까?"

그 입장을 이해 못하는 것은 절대 아니다. 부모 입장에서 보면 한도 끝도 없이 참아야 한다는 게 당연히 억울하다. 부모도 사람인데 무슨 죄가 있다고 편히 쉬어야 할 주말에 아이들에게 시달리고, 고약한 아이의 심술을 일일이 받아 줘야 하고, 그것도 모자라 매순간 웃는 낯으로 아이를 대해야 한단 말인가. 그럼에도 불구하고 부모더러 참으라고 하는 것은 어찌 되었건 간에 자식보다는 부모가 정신적으로 완성된 존재이기 때문이다. 그래서 견딜 수 있는 힘도 부모 쪽이 더 강하다.

아이들에게는 어떤 상황을 견디고 참아낼 만한 '자원'이 없다. 이제 겨우 자라나는 아이들에게 참고 인내하는 법부터 강요하면 아이들은 자신의 감정을 제대로 표출하는 법을 몰라 정서상의 불안을 겪게 된다. 그러나 부모는 이미 정신적으로 완성된 성인이기에 그럴 일이 없다. 그러니까 견딜 수 있는 자원이 있는 쪽이 참는 게 옳지 않겠는가.

미국의 아동심리학 박사 트로니크Tronick는 만 3~6개월의 아기를 대상으로 아주 어릴 때의 감정 조절에 대해 한 가지 실험을 했다. 먼저 엄마로 하여금 아기에게 방긋방긋 웃는 얼굴을 보여 주게 했다. 그리곤 갑자기 심각하게 굳은 얼굴로 다른 곳을 응시하게 했다. 아기가 아무리 쳐다봐도 눈을 마주치지 않고, 화난 표정만 보여 주게 한 것이다. 그러자 말도 못 하는 아기들이 눈을 동그랗게 뜨고 놀란 얼굴이 되었다. 그러더니 곧이어 무표정해지며 눈 맞춤을 회피하였다. 3분 뒤 엄마가 다시 방긋이 웃었지만, 아이의 굳은 얼굴 표정은 몇 시간이 지나도 풀리지 않았다. 이처럼 아이는 성인과 유사한 구조의 뇌를 타고났음에도 불구하고 엄마가 감정 조절을 안 해 주면 그것을 너무나 쉽게, 그리고 돌이킬 수 없을 정도로 깊이 배워 버린다.

한번 생각해 보자. 남편과 싸우고 나면 그 감정이 한 사나흘은 간다. 그래서 아이를 돌보고 있는 순간에도 그 감정은 앙금으로 남아 얼굴에 드러난다. 그것이 계속된다고 치자. 그러면 아이가 당연히 그것을 배우지 않겠는가.

병원에 소아기우울증으로 찾아오는 아이들을 보면 엄마가 이런 경우가 많다. 그럴 땐 아이와 함께 엄마를 치료하는데, 엄마가 치료를 받고 나아지면 몇 달 지나지 않아 아이도 몰라볼 정도로 확 좋아지는 모습을 볼 수 있다. 따라서 부모는 아이를 대하는 순간뿐만 아니라 모든 생활에 있어 적절한 감정 조절법을 익힐 필요가 있다. 그래서 나는 엄마들에게는 물론, 나 자신에게도 항상 이렇게 다짐하곤 한다.

'나를 항상 돌이켜볼 것, 내 기분 상태를 늘 확인할 것.'

이런 전제하에 내가 아이를 대할 때 세운 대원칙이 있다.

'내 기분이 나쁠 때는 절대 아이를 야단치지 말자.'

사람인 이상 왜 우울한 일이 없겠는가. 나도 가끔은 병원에 나가기 싫을 정도로 우울하고 짜증이 난다. 그렇게 내 감정의 신호등에 빨간불이 들어오면 아이가 숙제를 안 했건, 엄마와의 약속을 어겼건 간에 일단은 내버려 둔다. 그때는 아무리 좋은 낯으로 아이를 대하려 해도 내재된 감정이 얼굴에 드러나기 때문이다. 그러다가 어느 정도 기분이 괜찮아지고 감정 점수가 10점 만점에 최소 7~8점 이상이 되면 그제서야 아이에게 하고 싶은 말을 한다.

그런데 대부분의 부모가 자기 기분이야 어떻든 간에 아이만 바라본 채, 말로 달래 보고 안아 줘도 보다가 결국은 화를 내고 손을 대고야 마는 판에 박힌 과정을 되풀이한다. 그럴 때 순간적으로 치밀어 오르는 화를 누르고 이성을 찾는 것은 부모의 아이큐나 지적인 면에 달려 있는 게 아니다. 나는 오히려 지성인이라고 칭하는 사람들이 아이를 함부로 대하고, 있는 대로 자기감정을 내세우는 경우를 많이 본다.

감정 조절은 절대적인 훈련과 노력에 의해서만 가능하다. 물론 선천적으로 감정 조절이 잘 되는 사람도 있긴 하지만, 아이 기르는 일 자체가 워낙 인내와 희생이 따르는 일이다 보니 인위적인 노력이 필요하다는 얘기다. 워낙 다혈질인 내가 감정 조절을 위해 선택하는 것은 음악 감상이다. 평소 등산 등 운동을 좋아하기는 하지만, 그럴 수 없는 여건일 때를 대비해 마련한 차선책이다. 차분한 음악을 듣고 있으면 어느 정도 마음이 진정되는 것을 느낀다.

그래도 안 될 때는 아예 아이를 대하는 것을 피해 버린다. 병원에 늦게까지 남아 공부를 한다거나, 책을 읽으며 시간을 보내는 것이다. 아이야 엄마를 기다리겠지만, 우울한 기분으로 들어가 아이에게 인상을 찌푸리는 것보단 그쪽이 훨씬 낫다.

그러나 사람은 감정의 동물이다. 노력한다고 해서 완벽하게 자기감정을 조절할 수 있는 사람은 그리 많지 않다. 매순간 완벽해지려고 하기 보다는 실수를 할 때마다 그걸 깨닫고 바로잡는 것부터 시작하자. 하루아침에 달라지지는 않겠지만 아이에게 실수를 하더라도 알고서 그렇게 하는 것과, 그것이 나쁜 영향을 끼친다는 사실조차 모른 채 그렇게 하는 것은 너무나 다르다.

가끔 나도 모르게 아이에게 화를 내고서는 아차 실수했다 싶어 "경모야, 아까는 미안했는데 엄마가 너무 화가 나서 그랬어" 하고 말한다. 그러면 아이는 "알아 엄마. 일이 많아서 그렇지?" 하고 오히려 나를 위로한다. 아이 역시 은연중에 엄마의 그런 노력과 속마음을 알아 가는 것이다. 그러므로 감정 조절을 속옷처럼 생각하라. 사람이라면 누구나 기본적으로 입는 속옷처럼 아이를 대할 때 감정 조절이 되고 있는지부터 체크하라는 소리다.

앞에서 말한 바 있지만 아이의 잠재력은 언제 폭발할지 모른다. 그러므로 부모들은 아이가 조금 더딘 발전을 보이더라도 항상 긍정적인 자세를 보일 필요가 있다. 그래야만 아이가 자신감을 잃지 않고 세상과 당당하게 마주하면서 발전해 나갈 수 있기 때문이다.

그런데 부모가 감정 조절이 잘 안 되면 아이의 긍정적인 자아상 확립에 도움을 주기는커녕 아이를 자꾸만 위축하게 만들 수 있다. 그러므로 아이의 발전을 가로막는 부모가 되지 않으려면 감정 조절을 잘하는 법부터 배울 필요가 있다.

아이가 거짓말해도
야단치지 마라

● 하루는 정모가 다니는 유치원 선생님으로부터 전화가 왔다. 그녀는 처음부터 대뜸 이렇게 말했다.

"어머님한텐 죄송한 말씀인데요, 정모한테 좀 문제가 있어서요."

정모는 시간 되면 제가 알아서 유치원 갈 채비를 하고, 엄마가 일일이 챙겨 주지 않아도 친구들과 잘 어울려 놀았다. 그런데 그런 정모에게 문제가 있다니 이게 무슨 말인가. 내가 이러면 안 되지 싶어 뛰는 가슴을 일단 가라앉혔다. 무슨 말인지 듣고 나서 놀라도 늦지 않을 터였다.

"정모가 거짓말을 했거든요."

얘기인즉슨 정모가 공책을 안 가져왔길래 이유를 물어봤더니 그냥 잃어버렸다고 하더라는 거였다. 그런데 며칠 뒤 다른 아이 사물함에서 잃어버렸다던 정모의 공책이 나왔다. 어찌 된 일인가 싶어 다시 물어보니 정모 얼굴에 당황한 표정이 역력하더란다.

결국 상황을 눈치챈 선생님이 정모를 엄하게 꾸짖었다고 했다. 그리고 나서 정모가 걱정이 돼 내게 전화를 건 거였다.

"알겠습니다. 제가 얘기를 해 보죠."

그날 하루가 어떻게 지나갔는지 생각이 안 난다. 정모가 왜 그랬을까, 그냥 장난을 친 게 아닐까, 아니면 유치원에서 다른 문제가 있나……. 온갖 생각에 휩싸여 나는 집에 돌아갈 시간만 기다렸다.

그렇게 노심초사하며 집으로 돌아온 순간, 신발은 있는데 정모가 보이지 않았다. 평소 같으면 벨이 울리자마자 뛰어나왔을 정모다.

숨을 크게 들이마시고 아이 방문을 조용히 열었다. 엄마가 들어오는데도 책상머리에 가만히 앉아 있는 정모.

"정모야, 엄마 왔어."

엄마의 부름에도 여전히 묵묵부답이다. 마음속에선 '너 왜 그랬니?', '엄마가 그렇게 하라고 시켰니?', '그게 얼마나 나쁜 짓인지 알고 있니?' 등등 무수한 질책의 말들이 쏟아졌지만 일단은 참았다. 그리고 나서 조용히 물었다.

"선생님한테 거짓말할 정도로 한글 공부가 하기 싫었어?"

"……."

아무런 대꾸가 없었다.

"정모야!"

그제서야 고개를 들고 엄마를 쳐다보는 정모 눈에 눈물이 가득하다.

"나, 한글 잘 못한단 말야!"

정모 입에서 못한다는 말을 그때 처음 들었던 것 같다. 무엇이든 다른 아이보다 앞서고, 그걸 즐기는 게 평소 정모의 모습이었다. 어쩌면 그동안 정모는 제가 남보다 뛰어난 걸 당연하게 여겼을지도 모른다. 그런 정모에게 자기가 뒤처지는 게 있다는 사실은 정말로 받아들이기 힘든 일이었을 거다. 나는 더 이상 아무것도 묻지 않고 정모의 머리를 가만가만 쓰다듬어 주었다.

뜬눈으로 밤을 지새운 나는 다음날 유치원에 직접 찾아가 정모의 선생님을 만났다. 그리고는 정모의 한글 수업을 다음 해로 늦춰 달라고 부탁했다.

아마도 선생님은 내게 다른 말을 기대했으리라. 따끔하게 혼을 냈으니 앞으론 그런 일이 없을 거라는 등의 얘기 말이다.

"다른 애들보다 1년이나 늦어지는데 괜찮겠어요?"

"괜찮으니 한글 공부 시간에 책을 보거나 장난감을 갖고 놀게 해 주세요."

결국 정모는 내 부탁대로 한글 수업 시간에 다른 걸 하며 보냈고, 여섯 살이 되어서야 비로소 한글을 배우기 시작했다. 그리고 시작한 지 몇 달이 채 지나기도 전에 웬만한 받아쓰기는 별다른 어려움 없이 해낼 정도가 되었다.

그런데 정모의 거짓말하는 버릇이 다 고쳐진 것은 아니었다. 일곱 살 때쯤인가 정모는 제 형 공부하는 걸 보고 저도 시켜 달라고 조르는 통에 학습지 공부를 시작했다. 그런데 얼마 지나지 않아 꾀를 부리는 게 보였다. 어떻게 하나 싶어 하루는 정모를 붙잡고 물어보았다.

"너 오늘 공부 다 했니?"

아무 거리낌 없이 "응" 하고 대답하는 정모. 하지만 그날 분량의 내용을 보니 하얀 백지다. 그래서 앞 장을 넘겨 보니 한 일주일 정도 공부가 밀려 있었다. 제 일 알아서 하는 애라 믿고 그냥 두었는데 그걸 보니 갑자기 속이 끓어올랐다.

"정모, 너~."

이젠 죽었구나 하는 정모의 얼굴. 순간 나는 치켜뜬 눈을 지그시 감았다. 그리고 일 년 전 그때처럼 숨 한 번 크게 쉬고 정모를 바라보았다.

"지겨워서~."

그제서야 바른 말을 하는 정모. 그때부터 나는 정모한테 학습지 공부를 매일 하라고 하지 않았다. 그냥 제가 하고 싶을 때 하고 나머지 시간은 놀라고 말해 주었다.

'세 살 버릇 여든 간다'는 말이 있다. 그만큼 어린 시절의 버릇이 중요하다는 거다. 학습에 있어서도 마찬가지다. 어릴 때 길들여진 학습 태도는 평생의 습관으로 이어진다.

그런데 막상 아이를 가르치다 보면 아이로부터 바로 들통 날 거짓말을 종종 듣게 된다. 그럴 경우 대개 엄마들은 아이가 거짓말을 했다는 사실에만 집착해 마구 혼을 낸다. 다신 그러지 못하게 하겠다는 마음에, 버릇은 어려서 잡아야 한다는 마음에 눈물 쏙 빠지게 야단부터 치는 거다.

그런데 이제 막 학습을 시작하는 아이들에게 있어서 거짓말이라는 건 달리 생각해 볼 필요가 있다. 그렇게 거짓말을 하게 만드는 다른 원인이 분명 있다는 거다. 물론 그저 놀고 싶어서, 아니면 흔치 않게 거짓말이 일종의 놀이처럼 굳어 버려서 그런 경우도 있다. 그럴 때는 분명히 제대로 잡아 줘야 한다.

하지만 대개 아이들은 자기가 감당해 내기 벅찬 상황에서, 그게 힘들다는 또 다른 표현으로 거짓말을 하곤 한다. 이럴 때는 거짓말 자체를 탓하기 전에 근본적인 동기를 찾아 그것부터 해결해 줘야 한다. 거짓말 하나 바로잡겠다는 이유로 평생을 따라다닐 학습 마인드를 망치지 말란 얘기다.

내가 만일 정모가 한글 공책을 숨긴 사실만을 두고 야단을 쳤더라면 아이에게 '거짓말은 나쁜 것' 이란 사실은 분명하게 가르쳐 줄 수 있었을 거다. 그러나 한글 공부에 대한 버거움은 여전히 아이에게 남아 있었을 것이고, 나중에 그게 학습에 대한 거부감으로까지 발전했을지 모른다. 만일 그랬더라면 일 년이 지난 다음, 정모로부터 한글 받아쓰기에서 1등을 했다는 말을 들을 수 있었을까.

자랑스럽게 한글 공책을 펼치며 씨익 웃던 정모의 표정이 아직까지 생생하다. 그리고 학습지 일주일 분량을 단 하루 만에 해치우고 신나게 밖으로 뛰어나가는 정모의 모습이 무척 귀엽다. 나는 그 모습을 보며 다시금 깨닫는다. 때론 거짓말에 대해서도 관대해질 필요가 있다는 사실을 말이다.

아이를 위하여
숙제를 대신해 주라

경모가 초등학교 2학년 때의 일이다. 어느 날엔가 퇴근해서 집에 돌아와 보니, 애가 볼멘 얼굴을 하고서는 식탁을 사이에 두고 할머니와 한바탕 전쟁을 벌이고 있었다. 두 사람 모두 얼마나 뛰었는지 아이 얼굴은 벌겋게 달아올라 있었고, 발 빠른 경모를 쫓느라 할머니는 숨이 턱까지 차 있었다.

"이놈이 숙제도 안 하고 놀려고 해?"

"하기 싫단 말이에요."

대충 상황이 짐작 갔다. 할머니에게 바통을 건네받아 이번엔 내가 나설 차례다.

"경모, 숙제는 꼭 해야 하는 거야. 그것도 못하면서 어떻게 학교에 다닐 수 있지?"

"나 그럼 학교 안 갈래."

이쯤 되면 약간의 강압이 들어갈 수밖에 없다. 그전까지는 몰라도 일단 학교에 다니고 있는 이상 최소한 해야 할 것들은 억지로라도 시켜야 한다. 숙제는 그 '최소한의 것'들 중 가장 기본이 되는 것이다. 뿐만 아니라 싫어도 해야 할 것이 있다는 것, 그리고 내가 하고 싶은 일을 하기 위해 참아야 할 것이 있다는 걸 자각시킬 필요가 있었다.

"경모!"

짐짓 무서운 표정을 지어 보였다. 기세등등했던 아까와는 달리 약간 기가 죽은 경모. 이때를 놓칠 세라 나는 경모를 달래서 책상 앞에 앉혔다. 그리고 나서 아주 부드러운 목소리로 오늘 숙제가 뭐냐고 물었다.

"이거 써 오래."

아이가 펼친 것은 수학 교과서.

"어디야? 이것만 풀면 되니?"

"아니, 여기서부터 여기까지."

경모가 신경질적으로 책장을 넘기기 시작했다. 한 장, 두 장…… 아이 손이 계속 움직였다. 숙제로 풀어 가야 할 분량은 모두 합해 다섯 장, 쪽 수로는 열 쪽이나 되었다. 그중 오늘 배운 것은 두 장, 나머지 세 장은 예습 차원에서 풀어 오라는 거였다. 생각보다 좀 많구나 싶었지만 숙제는 어디까지나 학교 선생님의 고유 권한이 아닌가. 아이를 학교에 맡기고 있는 부모로서 그 권한에 이의를 제기하고 싶진 않았다. 학습 과정상 그만한 이유가 있으려니 싶어 아이를 달랬다.

"이거 다 푸는 데 한 시간도 안 걸려. 엄마랑 같이 하자."

"아니야, 이거 문제까지 써서 두 번 풀어가야 해."

"뭐?"

갑자기 말문이 막혔다. 빤히 내 얼굴을 쳐다보는 경모.

"밥부터 먹자."

평소보다 일찍 밥상을 차려놓고 수저를 들면서 계속 머리를 굴렸다. 2학년이면 한창 덧셈이니 뺄셈 같은 기본적인 계산 능력을 키울 때이고, 또한 아이가 아무리 하기 싫어해도 그 정도는 할 수 있어야 학습의 기본 틀을 만들 수 있다. 그리고 계산 능력이라는 건 어느 정도 반복된 훈련으로 인해 신장되는 것 또한 사실이다.

하지만 그럼에도 불구하고 간과하지 말아야 할 사실은, 그 어떤 경우라도 아이로 하여금 학습 자체에 대한 흥미를 잃게 해선 안 된다는 것이다. 이제 아홉 살밖에 안 된 아이에게 문제까지 적어 가며 두 번씩이나 풀게 한다는 건 아무리 생각해도 무리였다.

식사를 끝낼 무렵, 경모 아빠가 퇴근을 했다.

"경모야, 숙제 엄마랑 아빠랑 나눠서 하자."

아이 아빠 눈이 휘둥그레졌다.

"무슨 말이야? 경모 숙제를 왜 우리가 해?"

경모 아빠를 저지한 다음 나는 아이에게 그동안 책을 보건 피아노를 치건 다른 걸 하라고 말했다. 그 뒤 벌어진 상황.

"이거 경모가 해야 하는 거잖아. 우리가 이렇게 해 줘도 돼?"

"다른 말 말고 애 글씨랑 비슷하게 쓰기나 해요."

우리 부부는 왼손으로 연필을 잡고 끙끙거리며 '경모 글씨'로 숫자들을 적어 나갔다. 문제를 베끼고 풀이 과정을 적은 다음 답은 ( ) 표시만 한 채 빈칸으로 남겨 두었다. 투덜거리는 남편을 달래 가며 숙제를 마치는 데 걸린 시간이 한 시간. 아이가 했더라면 그보다 훨씬 더 오래 책상 앞에 앉아 있어야만 했을 것이다.

"경모야, 이제 와서 해라."

숙제를 본 경모의 표정이 갑자기 확 밝아진다. 그러더니 시키지도 않았는데 "여기에 답만 적으면 되지?" 하고 신나게 답을 적어 갔다. 평소 같으면 그 정도 하는데도 몸을 배배 꼬고 난리가 났을 텐데 답을 적어 가는 동안 경모는 단 한 번도 딴청을 부리지 않았고, 답도 하나 틀리지 않았다.

"천자문까지 쓰는 아이에게 '어머니 안녕히 주무셨어요'를 수십 번씩이나 써 오라니 애가 당연히 흥미를 잃지요."

모 일간지와의 인터뷰에서 한 엄마가 했던 말이다. 당시 천자문까지 썼다던 그 아이는 초등학교 입학한 뒤 날마다 '국어 숙제가 하기 싫다'고 하소연했단다. 네 살 때부터 일기를 썼던 그 아이는 결국 국어가 가장 못하는 과목이 돼 버렸는데, 다행히 수학에 재미를 붙여 현재 지방 국립대에 다닌다고 했다.

그리고 이틀 뒤 같은 신문에 또 다른 엄마의 얘기가 실려 있었다. 현재 카이스트에 다닌다는 그 아이 엄마는 자기가 교사였음에도 불구하고 아들의 숙제를 대신해 줬단다. 학교는 아이에게 '여기서부터 저기까지 교과서를 베껴 오라'는 숙제를 줄곧 냈고, 어머니는 이때마다 아이가 학교 공부에 흥미를 잃을까 걱정해 대신 숙제를 해 줬다고 했다.

같은 문제에 처했지만 한 엄마는 그저 학교 탓만 했고, 또 다른 엄마는 자기가 교사였음에도 불구하고 아이 숙제를 대신해 주었다. 이때 중요한 것은 누가 어느 대학에 들어갔느냐는 사실이 아니다. 아이들의 인생은 그들 자신이 어떻게 사느냐에 따라 뒤바뀔 여지가 다분하기 때문이다. 다만 내가 주목하는 사실은 엄마가 숙제를 대신해 줬던 아이는 최소한 하기 싫은 숙제로 인해 학습에 흥미를 잃는 결과를 막을 수 있었다는 것이다.

물론 숙제가 중요하지 않다는 말은 결코 아니다. 숙제는 아이에게 요구되는 최소한의 학습이기 때문이다. 무엇보다 하기 싫은 것도 참고 해내는 능력은 숙제를 하는 과정에서 얻게 되는 중요한 덕목 중 하나다.

하지만 그런 모든 것들을 배제하고 나서라도 우선되어야 하는 건, 아이로 하여금 학습을 긍정적이고 재미있게 받아들이도록 하는 것이다. 그것은 아주 어릴 때 형성되어 평생 이어진다. 바꿔 말하면 학습에 들어가는 첫 단계에서 자칫 부정적인 이미지를 갖게 되면 평생 공부를 원수처럼 생각하게 된다. 그러므로 적어도 공부에 대해 흥미를 잃게 되는 상황으로부터 아이를 보호해야 할 필요가 있다.

때문에 나는 '가끔' 아이 숙제를 대신해 주었다. 물론 아이 몫은 꼭 남겨 둔다. 숙제는 스스로 해야 하며, 꼭 해야 하는 것임을 아이 스스로 깨닫게 하기 위해서다.

  이렇게 말하면 이 땅의 모든 선생님들로부터 한바탕 욕을 들을지도 모르지만 감히 나는 엄마들에게 말한다. 아이를 위하여 때론 숙제도 대신해 주는 엄마가 되라고 말이다.

혼내기 전에
아이와 협상을 해 보라

● "그러다 애 버릇 나빠지면요?"

내가 엄마들로부터 가장 많이 받는 질문이 이것이다. 아이 버릇을 길들이는 문제는 교육과 함께 예나 지금이나 엄마들의 공통된 관심사인 듯싶다.

'저대로 두면 버릇 나쁜 아이로 자랄 거다', '혹시나 나중에라도 부모 말 절대 안 듣는 애가 되면 어쩌나', '저러다가 나중에 사회생활은 제대로 할 수 있을까……'.

이는 생각에만 그치지 않는다. 벽지나 장롱에 낙서를 하는 아이를 보고 그냥 넘어가는 엄마가 없다. 밥을 먹다 행여 아이가 밥그릇 안으로 손을 넣으려고 하면 손등을 탁 때리며 눈을 부라린다.

이처럼 우리 엄마들이 유독 훈육에 대해 강박관념을 갖고 있는 것은 오래 전부터 비롯된 고질병이다. '귀한 자식일수록 엄하게 키워야 한다' 는 관습이 엄마들의 무의식 속에 뿌리 깊게 남아 있기 때문이다.

게다가 한국 사회는 예의를 많이 강조된다. 그런데 나는 예의를 가르친다는 명목 하에 아이들의 자발적인 발달을 짓누르는 경우를 너무나 많이 본다. 아이들에게 가혹한 일임이 분명한데도 정작 부모는 당연히 해야 할 일을 했을 뿐이라고 말한다.

물론 부모는 아이를 바로잡아 줘야 할 의무가 있다. 어린 시절의 제재는 비단 행동 자체만 바로잡는 데 그치는 것이 아니라 '현실에의 적응' 이라는 과제를 함께 해결해 주기 때문이다. 하지만 그렇다고 혼을 내면 안 된다.

나는 훈육 대신에 협상을 하라고 말하고 싶다. 아이가 납득할 수 있는 선에서 조금씩 타협을 보라는 말이다.

예전에 아이와 함께 백화점 쇼핑을 한 적이 있다. 오늘은 구경만 하는 거라고 약속을 하고 나왔건만, 이내 완구 매장에 들른 아이가 10만 원이 넘는 로봇 세트를 사 달라고 조르기 시작한다. 옆집 친구도 샀는데 나는 왜 안 사 주느냐고 하면서 엄마 눈을 빤히 쳐다본다.

이제 협상에 들어갈 차례다. 아이가 내놓은 협상안은 '갖고 싶다' 그 자체이다. 그게 무슨 협상안이냐고 하겠지만 아이 입장에서는 갖고 싶다는 것 이상의 정당한 협상안은 없다. 내가 내놓은 협상안은 '너무 비싸기 때문에 보류할 것'.

어릴 때는 갖고 싶다는 욕구가 자아를 만들어 가는 과정의 일부였기에 대부분 들어줬지만, 아이 나이 만 5세면 이미 그 단계는 지났다. 따라서 초기 도덕성 형성이 시작되는 이때부터는 되는 것과 안 되는 것의 기준이 아이에게도 어느 정도까지는 적용돼야만 한다. 당시의 나로서는 아무런 노력 없이 원하는 걸 얻을 수 없다는 사실을 아이에게 가르칠 필요가 있었다.

자, 서로간의 협상안이 나왔으면 이제 타협을 봐야 한다. 어떻게 이야기를 풀어 갈 것인가.

우선 나는 아이의 갖고 싶다는 욕구를 바로 누르고 싶지는 않았다. 그래서 그 욕구를 완충할 만한 다른 요소를 찾아냈다.

"가지고 놀면 좋겠네. 좋긴 하겠는데 그거 가격이 얼마나 하는 줄 아니?"

아이 입에서 모른다는 말이 나온다. 그래서 가격을 일러 주며 다시 말을 이었다.

"경모야, 우리 집은 아빠가 월급을 가져오면 그걸로 쌀도 사고 옷도 사야 한단다. 그런데 네 것만 다 사면 우리가 밥을 못 먹게 될 수도 있어. 그래도 괜찮을까?"

"10만 원 없으면 그거 다 못해?"

돈의 가치를 묻는 거다. 그래서 나는 "10만 원은 많이 비싼 돈이란다" 하고 아이의 언어로 설명해 줬다.

아이의 얼굴에 난색이 비친다. 일단은 이해를 했단 의미다. 그러나 대뜸 다시 묻는다.

"그럼 옆집 엄마는 왜 사 줬어?"

"옆집은 우리보다 부자일 수도 있고, 어쩌면 그 아이 생일이었을 수도 있어. 너도 일 년에 한두 번 생일이나 크리스마스 때 좋은 선물 받잖아."

"지금 가지려면 우리 아빠가 돈을 더 많이 벌어야겠구나."

아쉬워하긴 했지만 이제 아이 얼굴에 납득했다는 표정이 드러난다. 협상의 기미가 보이는 것이다. 그러나 그렇다고 완전히 내 뜻만 고집할 수는 없다. 그러면 다음 번 협상이 필요할 때 아이가 아예 대화의 창을 닫아 버릴 수도 있기 때문이다.

"경모야, 그렇게 큰 선물을 받으려면 공짜로는 안 돼. 네가 뭔가 착한 일을 해야 하지 않을까?"

당시 유치원을 다니던 경모에게는 밥을 먹다가 그대로 뱉어 버린다거나, 유치원에 가지 않겠다며 떼를 쓰는 등 몇 가지 나쁜 버릇이 있었다. 나는 그중 몇 가지를 들며 하나만 고쳐 보지 않겠냐고 제안했다. 제대로 고치기만 한다면 엄마가 몇 달간 돈을 모아서 사 주겠다는 전제를 덧붙이면서 말이다.

이런 노력이 계속되는 동안 우리 집 아이들은 "왜?"라는 질문을 유독 많이 하게 되었다. 내가 무슨 말을 하면 "아이 씨~" 하고 돌아서는 게 아니라 "왜 안 되는데 엄마?" 하고 묻는 것이다. 그리고 엄마의 설명을 열심히 듣는다.

그건 나 역시 마찬가지다. 무얼 하나 시키더라도 그렇게 해야만 하는

아이를 느리게 키우기 위한 원칙 10 **253**

정당한 이유를 설명한다. 방 청소만 해도 "일해 주시는 할머니가 너무 힘이 들잖니. 그리고 너희들은 이렇게 아무 데나 장난감을 두면 나중에 다시 찾기 힘들잖아" 하고 말해 주는 것이다.

그런데 내가 이렇게 말을 하면 아이들 역시 이유를 들어가며 거부할 때가 있다.

"지금은 너무 졸리니까 조금 있다가 할래요", "지금 재미있는 만화영화를 보고 있는데, 이것만 끝나면 할래요".

아이가 이런 식으로 이유를 대면 설령 그것이 핑계처럼 보일지라도 일단은 듣는다. 그리고 자기 말을 지키는지 지켜볼 따름이다.

엄마가 그 정도만 해 주어도 아이는 무작정 야단맞고 알게 되는 것보다 훨씬 더 많은 것을 배운다. 세상엔 원하지만 안 되는 것도 있다는 것, 그리고 원하는 걸 가지려면 노력이 따라야 한다는 것은 물론 다른 사람의 견해가 자기 뜻과 상충될 때 적절히 조화시키는 사회성도 배우게 된다.

뿐만인가. 타당한 협상안을 마련하기 위해 아이는 논리적으로 이유를 생각하고, 이를 말로 표현하는 법을 배운다. 그러다 보면 기본적인 도덕성은 물론 사고력 등 엄마들이 그토록 원하는 아이큐와 관련한 여러 능력도 함께 길러진다.

그런 면에서 나는 우리 둘째를 볼 때마다 깜짝 놀랄 때가 있다. 오죽하면 내가 둘째를 '협상의 귀신'이라고 말할 정도일까.

우리 둘째는 친구를 무척이나 좋아한다. 그중 한 아이에게 유독 정을 쏟는데, 정도가 심해 한번 그 친구 집에 놀러 가면 해가 넘어가서야 돌아오기 일쑤였다.

아이 입장에서야 저 좋아서 그리 한다지만 그 집 엄마 눈에 달갑게 비칠 리가 없다. 나도 그게 신경이 쓰여 언젠가 그 집 엄마를 한번 만나야겠다고 생각하던 차에 먼저 연락이 왔다. 드디어 올 것이 왔구나 싶었는데 의외로 그 엄마 목소리가 아주 밝았다.

"아니, 시키지도 않았는데 어떻게 방 청소 할 생각을 했는지 모르겠어요. 워낙 집에서 그렇게 가르치나 보죠?"

나는 그 집에 대해 한 번도 둘째와 이야기를 나눈 적이 없었다. 아이는 엄마와 평소 하던 협상을 근거로 '내가 이 집에서 놀려면 친구 엄마의 기분을 맞춰 줘야 하겠구나' 하고 나름의 해결안을 마련한 것이다.

누가 시켜서 하는 것이 아니라, 스스로 터득하게끔 하는 것. 그렇다고 매순간 그 방법을 쓰라는 것은 아니다. 아이가 이해하고 안 하고를 떠나 일방적으로 가르쳐야만 하는 일도 있기 때문이다. 남을 때려선 안 된다든지, 물건을 도둑질해선 안 된다든지 반드시 지켜야만 하는 상식들 말이다. 타협을 하되 사회 속에서 살아가기 위한 큰 테두리만큼은 가르쳐야 한다.

큰애가 초등학교 3학년 때의 일이다. 인터넷 성인 사이트를 보는 걸 우연히 목격했다. 너무 놀라 물어보니 친구 중에 이런 걸 보는 애가 있어 자기도 한번 보고 싶었단다.

이런 경우는 타협해야 할 것이 아니다. 일방적이긴 하지만 안 된다고 따끔하게 가르쳐 줘야 한다. 이럴 때 부모가 흔들리는 모습을 보이면 아이 머릿속에 계속 미련이 남기 때문이다. 그러므로 왜 안 되는지 아이의 시각에서 분명하게 설명해 줘야 한다.

"그 그림들은 너무 자극적이어서 네가 하루 종일 그 생각만 할 수 있단다. 그러면 다른 일은 할 수 없겠지. 그래도 좋으니?"

"그럼 그 친구는 왜 이런 걸 보지?"

"그건 그 친구의 부모님이 잘못한 거야. 엄마가 막아 줘야 하는데 그러질 못한 거지. 하지만 우리 집에선 절대 안 된다. 네가 우리 집에서 살려면 우리 집 법을 따라야겠지?"

협상이 아니라 일방적으로 가르친 것이 있다면 이런 것이다. PC방에 혼자 가선 안 된다, 게을러선 안 된다, 대가 없이 무언가를 얻으려 하는 것은 안 된다 등도 그에 포함한다.

하지만 이것이 가능하려면 아이와 부모 사이에 신뢰가 있어야만 한다. 부모가 어떤 원칙을 일방적으로 가르칠 때, 즉 '훈육'을 해야 할 순간에 평소 혼만 내는 부모 밑에서 자란 아이는 그 말을 그저 잔소리로 흘려듣는다. 그런 아이들이 자라 사춘기가 되면 부모 말을 코웃음으로 흘려버리는 '괴물'이 되고 만다.

하지만 평소에 부모와 타협을 하고 부모의 배려를 자주 느낀 아이는 부모가 일방적으로 무언가를 강요할 때, 설령 그것이 마음에 들지 않더라도 '정말 그래선 안 되는구나' 하고 진심으로 따른다.

그래서 나는 엄마들에게 이런 말을 종종 한다.

"아이를 훈육하는 것은 아주 어릴 때부터 쌓아 온 부모와 자식의 좋은 관계를 조금씩 갉아먹는 것이다."

아이를 기르다 보면 공부도 시켜야 하고, 학교도 보내야 하며, 친구 사귀는 것도 간섭하게 된다. 그러나 아이 입장에서는 이런 것들이 끊임없는 통제다. 하고 싶어서 공부를 하는 아이가 얼마나 있겠는가.

아이가 자라면 자랄수록 부모는 아이가 하기 싫은 것들, 지키기 싫은 것들을 가르치게 된다. 그런 훈육이 아이에게 제대로 전달되는, 다른 사람 말을 안 들어도 부모 말은 듣게 하는 그 힘은, 초기에 부모가 아이의 말을 끊임없이 들어주고 배려하던 자세에서 비롯된다.

우리 아이들은 내가 가끔 매를 들더라도 그 이유를 제대로 안다. 정말 잘못한 게 있기 때문에 혼나는 것이지, 절대 엄마가 자기를 사랑하지 않아서가 아니라는 사실을 아는 것이다. 내가 만약 아이들을 협상 테이블로 이끌어 절충안을 모색하는 연습을 게을리했더라면, 그런 결과를 얻어낼 수 없었을 것이다.

아이가 무언가를 필요로 할 때, 그리고 엄마 뜻에 거스르는 행동을 할 때 일단은 아이 말을 한번 들어보고 협상을 해 보자. 아이에게 "왜?"라는 질문을 이끌어냄으로써 아이가 상처받지 않고 그 상황을 이해할 수 있도록 말이다. 그렇지 않으면 아이는 무조건 가르치려 드는 엄마를 멀리하면서, 결국 시기에 따라 꼭 배워야 할 것들도 피하게 되는 무서운 결과를 초래할지 모른다.

일부러
실수하게 만들어라

● 언젠가 애들 방에 들어가 보니 경모가 깨우지도 않았는데 벌써 일어나 있었다. 순간적으로 스친 생각.

'우리 아들 경모가 맞나?'

하늘이 두 쪽 나도 있을 수 없는 일이었다. 1, 2학년 때는 매번 늑장을 부려 '지각 대장'으로 통하던 경모다. 그런 경모가 시키지도 않았는데 아침 일찍 눈을 뜬 데는 분명 그럴 만한 이유가 있을 터였다. 가만 보니 책상 여기저기를 뒤지는 게 뭔가를 찾는 눈치다. 한참 동안 서랍을 뒤적이다 내게 던진 말.

"엄마 색종이 못 봤어요?"

이건 또 한 번 놀랄 일이었다. 경모가 제 스스로 준비물을 챙기고 있는 게 아닌가. 기특하다는 칭찬은 뒤로 미루고 일단 준비물 챙기는 것이 우선. 얼마 전에 색종이를 새로 산 기억이 나는데 그새 다 썼나 싶어 물었더니 "하나 더 필요해요" 그런다.

"어디에 쓸 건데?"

"선생님이 준비물 말씀하실 때 다들 떠들고 있었거든. 아마 안 가져오는 애들도 있을 거야."

제 것도 제대로 챙기지 못하던 아이가 이제 친구 것까지 생각하니, 정말 감격할 노릇이었다. 내가 썼던 극약 처방이 이런 효과를 가져올 줄이야.

경모가 초등학교 4학년 때의 일이다. 방학이 끝나고 새 학년이 되었는데도 경모는 준비물 안 챙기는 버릇을 여전히 고치지 못했다. 전처럼 엄마가 직접 알림장을 보고 하나하나 다 챙겨 줘야 할 정도는 아니었지만 학교 가는 애를 붙잡고 확인을 해 보면 꼭 한두 가지씩 빠뜨리곤 했다.

꽁무니를 쫓아다니며 일일이 챙겨 준 것이 3년. 언제까지 그럴 수 없는 노릇이고, 또 그래서도 안 될 일이었다. 그래서 경모에게 내린 극약 처방.

'한번 내버려 두자.'

바로 그날이었다. 미술 시간에 쓸 색종이를 챙겨 오라고 한 모양인데 그날 역시 경모는 색종이 챙기는 걸 깜박했다.

"경모야, 잊은 거 없어?"

"그런 거 없는데?"

짐짓 모르는 척 "그래?" 하고 넘겼지만 마음이 편하지 않았다. 학교 가서 야단맞고, 수업도 제대로 못 받을 게 뻔한데 그대로 내버려 둔다는 게 어디 쉽겠는가.

아니나 다를까. 저녁 때 집에 돌아와 보니 경모가 풀이 잔뜩 죽어 있었다.

"엄마 나 오늘 많이 혼났어."

모르긴 해도 꽤나 잔소릴 들은 것 같았다. 평소 그런 적이 없었으니 애 입장에선 참 당황스런 노릇이었을 게다.

"준비물 없어서 수업도 제대로 못 받았겠네?"

그런데 그건 아닌 모양이었다. 그럴 재간은 있었는지 넉넉히 챙겨 온 친구 걸 빌려서 그날 과제를 무사히 끝낼 수 있었단다.

이전 같으면 엄마로서 한두 마디 싫은 소릴 했겠지만 일단은 그냥 넘어갔다. 그런데 그날 일이 아이에겐 꽤나 깊은 충격으로 남았던 모양이다. 물론 그 뒤로도 종종 깜박깜박 잊어버리는 실수를 저질렀지만 그 횟수가 정말 많이 줄었다.

한 번은 이런 적이 있었다. 평소 경모는 남이 제 물건을 건드리는 걸 무척이나 싫어하는데 특히 옷을 입을 때는 더했다. 누가 와서 참견이라도 하면 화를 내고 짜증을 내기가 일쑤였다. 그런데 어느 날 아침엔가 경모 차림새를 봤더니 윗옷을 뒤집어 입고 있었다. 상표가 바깥으로 나온 꼴을 보고 있자니 어찌나 웃음이 나던지. 평소 같으면 애 짜증을 받아 주면서라도 바로 입혔겠지만 그날은 일부러 모른 척했다. 그런데 그 꼴을 하고 학교에 갔으니 친구들이 얼마나 놀렸겠는가. "다신 이렇게 입나 봐라" 하며 제 방으로 쑥 들어가 버리는 경모. 학교에 가자마자 금방 화장실에서 바로 입었다고 했지만, 그 '금방' 동안 꽤나 혼쭐이 난 모양이었다.

그 뒤로 경모는 옷을 다 입은 다음에 꼭 내게 와서 "엄마 나 괜찮아?" 하고 물었다. 꼭 제 맘대로 입으려 하고, 누가 건드리는 걸 그렇게나 싫어하던 경모로서는 엄청난 변화가 아닐 수 없었다.

그런데 이 변화는 학습에 있어서도 똑같이 적용되었다. 경모는 수학 문제를 풀 때, 한눈에 문제를 풀어 버리는 습관이 있다. 집중력이 떨어지는 아이들의 대표적인 행동인데, 그래서 나는 일부러 그 과정을 꼭 적게 한다. 그런데 어느 날엔가 수학 공책을 보니 문제와 답만 주르륵 적혀 있었다. 순간 '너 왜 엄마가 시키는 대로 안 해?'라는 말이 목구멍까지 치밀어 올랐지만 애써 참았다. 모르는 척 학습지만 쳐다보던 경모의 모습이라니…….

그리고 한 일주일쯤 지났던가. 경모가 학교에서 시험지를 가져왔는데 수학 점수가 형편없었다. 눈으로 풀고 답만 적으니 틀리는 게 많을 수밖에. 그러나 나는 거기에 대해서 아무 말도 하지 않았다. 그런데 그날 저녁, 수학 숙제를 하는 경모를 보니 공책에 빽빽이 풀이 과정을 적고 있었다. 그러면서 내게 하는 말,

"이렇게 하니까 안 틀려."

그 뒤 나는 공책에다 직접 풀라는 말을 다시 안 해도 됐다. 물론 그 뒤로도 경모는 공부하기 싫을 때 가끔씩 나 몰래 답만 적곤 하는데 그건 그때뿐이다. 실수에 대한 결과를 확실히 안 다음부터는 시키지 않아도 제가 알아서 실수를 하지 않으려고 한다.

엄마들은 애가 뭔가 실수를 저지르거나 잘못하는 꼴을 못 본다. 엄마 생각에 잘못됐다 싶으면 그 즉시 지적하고 나선다. 솔직히 말하면 나도 그렇다. 애가 혹시라도 뭔가 잘못할까 봐 늘 전전긍긍이다. 아마도 그것은 실수로 인해 벌어지게 되는 갖가지 상황에 대한 두려움 때문일 거다.

그런데 그 실수라는 것은 꼭 바로잡아야만 고쳐지는 게 아닌 것 같다. 오히려 바로잡는 대신 일부러 내버려 두었을 때 예기치 않은 효과가 발생하곤 한다. 그것이 바로 실수를 통한 피드백 효과다.

어른들도 그렇지만 아이들의 경우 실수를 통한 피드백 효과가 생각외로 크다. 결과를 미처 예상하지 못하다 보니 그 뒤의 상황들이 더 강렬한 인상으로 남기 때문이다. 아주 어린애한테 "뜨거운 거 만지지 마라"라고 주의를 주는 대신 일부러 뜨거운 것에 손을 대 보게 하는 것도 비슷한 이치다.

나는 이 작은 실수들이 오히려 보다 큰 학습을 위한 밑거름이 된다고 생각한다. 그래서 나는 경모나 정모에게 일부러 실수를 경험하게 했다. 아니 일부러 그랬다기보단 아이가 흔히 저지르는 실수에 대해 가끔 모르는 척했다는 게 옳겠다. 그것은 아이에게 숨통을 트이게 하는 탈출구가 될뿐더러 스스로 문제를 해결하는 원동력이 되기도 한다. 때문에 작은 실수에 연연하기보다 발달이라는 큰 시각에서 아이를 지켜보는 여유가 필요하다. 때론 열 번의 가르침보다 한 번의 실수로 아이가 더 많은 것을 얻는다는 사실을 잊지 말자.

문제 행동의
이유를 모를 땐
일단 참아라

● 모든 발달이 마찬가지지만 특히 인지 발달 같은 경우는 어느 시기가 되어야만 가능하다. 아무리 훈련시켜도 그 시기에 이르기 전까진 못하는 게 있다는 얘기다.

이를 주장한 대표적인 학자가 바로 피아제인데, 그에 따르면 학령기 전, 즉 만 6세까지는 에너지 보존의 법칙이나 집합 개념처럼 고차원의 사고력을 요하는 개념은 이해하기 힘들다. 즉 한 번에 한 가지 개념밖에 인식하지 못하는 것이다. 우리 둘째가 모양과 색을 한꺼번에 추론하지 못한 것은 아이의 학습 능력이 떨어져서가 아니라 발달상 당연한 것이었다. 한번 생각해 보자. 7개월짜리 아기에게 걸으라고 하면 그 아기가 벌떡 일어나 걸을 수 있겠는가.

이처럼 눈에 보이는 신체 발달은 각각의 성장 단계가 있다는 것을 쉽게 받아들이면서 정서 발달이나 언어 발달, 인지 발달 등에 대해서는 그 과정도 모른 채 무리하게 아이에게 강요하는 경우가 많다. 아이가 못하면 능력 탓이거나 하기 싫어서 안 하는 거라 생각하지, 때가 안 되어서 못하는 거라고는 생각하지 않는 것이다.

요는 학습뿐만 아니라 아이의 전반적인 생활면에서도 엄마의 무지에서 비롯된 강요와 제재가 많다는 사실이다. 인성 바른 아이로 키우겠다는 생각에 엄마들은 아주 어릴 때부터 버릇을 길들이고 생활 속의 크고 작은 규범들을 가르친다.

신호등 앞에 서 있다고 가정해 보자. 엄마들은 아이에게 파란불에 건너야 한다고 누차 강조한다. 그리고 행여 아이가 빨간불에 건너려고 하면 엉덩이를 때리며 "엄마가 그러면 안 된다고 했잖아!" 하며 윽박지른다. 아이가 빨간불일 때 건너는 것은 엄마 말을 무시해서가 아니다. 왜 멈춰 있어야 하는지 제대로 이해하지 못해서다. 아이에게 "왜 파란불일 때 건너야 하고 빨간불일 때는 가만히 있어야 하지?" 하고 물어보면 나오는 대답은 그저 "엄마한테 혼나니까"이다. 잘못하면 다친다든가 하는 개념이 아직까지 머릿속에 잡혀 있지 않다는 얘기다.

식당에서 울고 소리 지르는 아이를 보며 흔히 "애 교육을 어떻게 시켰기에 저래?"라고 많이들 말한다. 그리고 아이가 그러면 엄마들은 밥을 먹다가 말고 아이 팔을 확 낚아채, 보는 사람이 무안해질 정도로 야단을 친다.

물론 공공장소에서 아이가 다른 사람에게 피해 주는 행동을 하는 것은 막는 게 옳다. 그러나 그렇다고 해서 아이더러 잘못했다고 말할 것은 아니다. 그렇게 하면 왜 안 되는지에 대한 개념이 없는데 그런 말이 무슨 소용이 있겠는가.

그런데 엄마들 중에 유독 도덕 개념이나 착한 아이 신드롬에 사로잡혀 아이를 강압적으로 대하는 사람이 간혹 있다. 그런 엄마들에게 내가 해 주는 말이 있다.

"모르면 참아라."

아이가 왜 엄마 말을 안 듣는지 이유를 모를 때는 그저 참고 기다리는 게 수다. 쓸데없는 집착을 버리고 적당히 보호하는 선에서 아이가 원하는 것들을 들어주다 보면 저절로 좋아진다는 얘기다.

다만 욕심을 내서 더 가르치고 싶다면 그땐 앞에서 얘기한 대로 '원 스텝 어헤드' 원칙을 쓰면 된다. 많이도 말고 한발만 앞서 가르쳐 주면 되는 것이다. 꼭 필요한 순간에는 지적하되, 급하게 끌어당긴다거나 너무 앞서 나가지 않는 것이 항상 중요하다.

예를 들어 아이가 15~20개월 정도 되면 물건 사는 데 재미를 붙이기 시작한다. 장난감 가게에 데리고 가면 자동차도 집고, 인형도 집고, 비행기도 집어 든다.

민감한 엄마라면 이때 갈등을 할 것이다. '얼마나 갖고 싶어서 저럴까' 하고 이해하는 마음과 '저대로 두면 습관으로 굳어질 텐데' 하는 마음 사이에서 말이다.

그러나 대부분의 엄마들은 아이 손부터 탁 때리고 "안 돼!" 하며 야단을 친다. 하지만 그린다고 해서 아이가 수긍을 할까? 절대 아니다.

아이는 떼를 쓰며 울고, 엄마는 그런 아이를 더 큰소리로 야단치며 이른바 전쟁이 시작된다.

우리 아이들 역시 18개월 정도가 되자 유독 이것저것 사 달라고 조르는 일이 많아졌다. 진열장에서 여러 물건을 한꺼번에 잡는 아이를 보고 사실 어느 부모가 당혹스럽지 않겠는가. 하지만 일단 나는 아이가 하는 대로 내버려 두었다. 그 시기에는 원래 그런 특성을 지니며 그것을 엄마가 다그치지 않고 잘 조절해 줘야 아이가 세상에 대한 자신감을 가진다는 걸 알고 있었기 때문이다.

다만 아이가 너무 많은 것을 한꺼번에 사 달라고 조를 땐 이렇게 말해 주었다.

"이건 내일 사자. 오늘 하루 동안 이것 모두 가지고 놀 수는 없으니까."

자기가 생각해도 엄마 말이 맞는 것 같은지 아이가 고개를 끄덕인다. 그런 후 나는 머리를 써서 다음날 절대 그 가게 근처엔 안 간다. 조금은 약은 방법이지만 아이는 단순해서 곧 잊어버리기 때문이다. 그래도 아이가 잊지 않고 기억할 때는 그냥 사 주었다. 다만 그땐 왜 필요한지 꼭 물어보았다.

"왜 빨간 자동차를 사고 싶은데?"

"나한테 빨간 자동차가 없잖아."

그냥 무조건 원한다고 해서 되는 게 아니라 나름대로 이유가 있어야 된다는 사실 정도는 알게 해 줘야 한다는 생각에서였다.

그로부터 얼마 후 조카들을 무척이나 예뻐하던 시누이가 아이들을 데리고 슈퍼마켓에 갔다.

"고모가 사 줄 테니까 먹고 싶은 거 있으면 다 골라."

그런데 아이들 손에 들린 건 각자 과자 한 봉지뿐이었다.

할아버지나 할머니가 장난감을 사 준다고 하면 어떨 땐 필요 없다고 말하기도 한다. 주변 사람들은 너무나 신기해 하면서 아직 어린 아이가 어떻게 저럴 수 있느냐고 내게 묻는다.

대답은 너무나 간단하다. 쓸데없는 제재를 하지 않았기 때문이다. 이제 아이들은 자기가 꼭 필요한 것이 아니면 굳이 욕심을 부리지 않는다. 필요하면 또 얻을 수 있다는 신뢰감과 자신의 의견이 늘 받아들여진다는 만족감이 아이들로 하여금 그런 여유를 지니게 만든 것이다. 나는 이렇게 아이들로부터 '인내의 미학'을 배웠다. 쓸데없이 제재하지 않아도, 무언가 가르치려 들지 않아도, 일단 '참는 것'만으로 교육의 절반은 이룬다는 걸 알기 때문이다.

체험보다 더 훌륭한
교육은 없다

● 　한때 엄마들 사이에서 사물을 아주 정교하게 그린 그림책이 유행한 적이 있다. 그 즈음 한 엄마가 내게 이런 질문을 했다.

"이렇게 진짜처럼 그려져 있으니 애한테 그만큼 효과적이겠죠?"

그러면서 내게 들이민 그 그림책에는 아주 예쁜 모양의 강아지 한 마리가 그려져 있었다. 어찌나 세밀하게 그려져 있던지 금방이라도 안아 올려 털을 쓰다듬고 싶은 마음이 들 정도였다. 하지만 그런 마음도 잠시, 나는 그 엄마한테 이렇게 물었다.

"집에 혹시 강아지 키우세요?"

"아뇨. 아파트에 사는데 어떻게 강아지를 키워요? 못 키워요, 선생님."

나는 그 엄마한테 강아지 그림책 열 번 보여 줄 시간이 있으면 차라리 한 번이라도 아이를 밖으로 데리고 나가 직접 강아지를 만져 보게 하라고 일러 주었다. 그렇게 하면 아이는 '강아지'라는 말을 절대 잊어

버리지 않을 거라고 덧붙이면서 말이다.

만 3~5세는 일생을 통틀어 감각적인 아이큐가 가장 발달하는 시기이다. 이걸 바꿔 말하면 실제로 보고 듣고 만지지 않고서는 그 정보가 뇌에 축적되지 않는다는 것이다. 만 6세 미만의 아이에게는 사실 책을 보면서 공자 왈 맹자 왈 하는 것이 뇌 발달상 무리이다. 따라서 머릿속에서 생각만 하게 하기보다는 오히려 직접 보여 주고 만지고 느끼게 하는 게 훨씬 더 효과가 있다.

책을 보여 주면서 "이게 바다야" 하기 보다는 한 번쯤 바다에 데리고 나가 바닷가 바람의 느낌은 어떻고, 냄새는 어떻고, 바닷물의 맛은 어떤지 직접 경험하게 해야 뇌의 기능이 빠르게 발달한다는 거다.

그런데 아주 어린 시절뿐만 아니라 초등학교에 가서도 직접 경험이 주는 효과는 떨어지지 않는다. 그걸 일찍 간파한 미국의 경우 초등학교 과정에서 체험 학습을 아주 중요하게 생각한다. 그들이 말하는 체험 학습이란 한국에서처럼 뜬금없이 박물관을 견학하는 식이 아니다. 정말 그 시기에 맞는 지적 정보들을 이론적으로 익힌 다음, 아이 생활 아주 가까이에서 경험으로 느껴 보게 하는 것이다.

미국 덴버에서의 일이다. 어느 날 경모가 과학 시간에 여러 가지 재료를 갖고 개의 먹이를 만든 모양이었다. 경모의 애기를 듣고 처음엔 학교에서 개 먹이를 왜 만드니 하는 생각이 들었다. 어린 시절 초등학교 과학 실습이라고 하면 자석을 갖고 N극 S극을 따져 보거나, 전기회로를 만드는 일이 전부 아니었던가.

그런데 경모 얘기를 들어보니 복잡한 실험 과정을 거쳐 어떤 결과를 도출해 내는데 그 실험 도구가 개 먹이였다고 했다. 아이들이 수업 시간에 얼마나 재미있어 했을지 눈에 선했다. 아이들은 자기가 만든 걸 집에 가져가 직접 개한테 먹여 봐야겠다며 무척 재미있게, 또 열심히 수업을 받았다고 했다.

얘기를 마친 경모는 자기가 만든 개 먹이를 들고 밖으로 뛰어나가 옆집 벨을 눌렀다. 우리 집에 개가 없으니 옆집 개한테라도 먹여 봐야겠다고 마음먹은 모양이었다. 그런데 신이 나서 나간 아이가 잠시 후에 시무룩한 얼굴로 돌아왔다. 말을 들어 보니 학교에서 자기가 열심히 만든 걸 그 집 개가 못 본 척(?)하더란다. 코앞까지 들이밀었는데 냄새 한 번 맡아 보더니만 여지없이 무시하더라는 거였다. 실망하는 기색이 역력했지만 그러면서도 경모는 "내가 뭘 잘못 넣었을까?" 하며 끊임없이 궁리를 했다.

경모는 그 뒤로도 가끔 그때 이야기를 꺼냈다. 그리고 어쩌다가 친구네 집에 가서 개 먹이를 보게 되면 집에 와서 혼자 이 궁리 저 궁리 하곤 했다. 왜 그때 자기가 만든 것은 개가 싫어했는지, 부족한 것이 무엇이었는지 그때까지도 머릿속에서 의문이 사라지지 않는 것 같았다.

개 먹이를 만들었던 그 몇 시간이 경모에게는 지워지지 않는 학습이 되었다. 아마도 선생님한테 이론만 듣고 말았더라면 그때 뭘 배웠는지조차 기억 못할 게 뻔하다. 생각해 보라. 우리가 학창 시절에 배운 화학 공식 중 머릿속에 남아 있는 게 단 하나라도 있는지 말이다.

그렇다면 우리는 앞으로 어떻게 해야 할까. 나는 먼저 엄마들에게 지금 아이들이 배우고 있는 것을 구체적으로 말할 수 있는지 묻고 싶다.

언젠가 경모와 함께 산골 마을로 드라이브를 간 적이 있다. 물을 가득 머금은 논에는 이제 막 심어진 모종들이 일정한 간격으로 고개를 내밀고 있었다. 그걸 보고 있노라니 갑자기 경모 교과서에서 봤던 모종에 대한 설명이 생각났다.

"경모야, 너 모종 배웠잖아. 저게 바로 모종이야."

"어 정말? 생각보다 되게 작네. 저게 자라서 쌀이 열린단 말야?"

차창에 얼굴을 바짝 붙인 채 밖을 쳐다보는 경모. 그 뒤 며칠간 경모의 얘깃거리는 온통 모종에 관한 것이었다. 그리고 그걸 계기로 경모는 쌀과 관련한 갖가지 정보를 제 스스로 찾기 시작했다.

나는 이것이 아주 어린 시절부터 초등학교 때까지만 가능한 일이라고 생각한다. 중·고등학교에서는 보다 이론적이고 추상적인 것들을 익히기 때문이다. 때문에 아이가 배운 걸 생활에 적용시키는 작업은 빠르면 빠를수록 좋다.

내가 바쁜 병원 업무 중에도 매일 빼먹지 않는 일이 있다면 바로 경모의 교과서를 훑어보는 일이었다. 그리고 기억할 만한 것들을 메모지에 적어 두었다. 가지고 다니면서 그걸 어떻게 교과서 밖으로 끌어낼지 고민하기 위해서였다.

실생활과 유리되지 않는 학습, '배운 것 따로 생활 따로'가 아닌 학습, 그것은 비단 학습 자체에 대한 효과뿐만 아니라 아이로 하여금 학습에 있어 보다 능동적인 자세를 갖게 한다. 그저 배운 걸로 그치지 않고 스스로 궁리하고 응용함으로써 학습에 보다 적극적으로 참여하게 만드는 것이다. 이는 바로 평생 학습에 있어서 가장 필요한 '주체성'과도 직결된다.

현재의 주입식 교육에서는 바로 이 점이 무시되고 있다. 선생님은 가르치고 아이는 듣고……. 이런 수동적인 학습 자세는 결국 이 사회에 창의적이고 능동적인 사람보다는 수동적으로 베끼고 따라할 줄만 아는 기계적인 인간만을 만들어낼 뿐이다. 표절 시비니 지적재산 침해니 하는 문제들이 신문에 자주 등장하는 것도 이와 무관하지 않다고 본다.

지금 이 순간 우리 아이가 무얼 배우고 있는지 살펴보자. 그리고 언제 어디서 그것을 아이와 함께 실생활에 적용시킬지 고민해 보자. 체험보다 더 훌륭한 교육은 없으니까 말이다. 그리고 아이에게 '생활 속의 공부'를 만들어 줄 사람은 엄마밖에 없다.

'조금 더' 가르치고 싶을 때가 멈출 때다

정모를 보고 있으면 가끔 마음 안에서 아주 강렬한 유혹이 일어나곤 했다. 하나를 가르쳐 주면 열을 아는 아이의 모습에 나도 모르게 '이것도 한번 가르쳐 봐?' 라는 생각을 하게 되는 거다.

그때도 그랬다. 처음부터 그럴 생각은 전혀 없었지만 엄마로서의 욕심이 발동하여 정모가 다섯 살 되던 해 책 한 권을 구해다 주었다. 수학적인 논리력을 개발시키는 교재였는데 거기에 실린 문제들은 단순히 계산법을 익히는 게 아니라 여러 가지 정황을 놓고 추론을 하는 문제들이었다. 여러 가지 동식물을 한데 섞어 놓고 같은 계열끼리 엮거나, 모양이 조금씩 다른 사물을 두고 가장 비슷한 것끼리 묶어 그 이유를 설명해 보라는 식으로, 답을 내기 위해선 나름의 논리를 갖고 추론의 과정을 거쳐야만 했다. 그게 다섯 살인 정모에게는 벅찰 듯싶었지만 시켜 보고 안 되면 그만두리라 마음먹고 가벼운 마음으로 아이한테 보여 주었다.

그런데 정모는 예상 외로 거뜬하게 문제들을 풀어 갔다. 처음엔 우연인가 싶었지만 제 나름의 논리도 있었다. 왜 이게 답이냐고 물어보면 "쟤는 움직이는데 얘는 안 움직이잖아. 그러니까 이 둘은 짝이 될 수 없지" 하고 분명히 대답했다.

싫어하면 그 즉시 그만두게 할 생각이었는데 아이의 반응을 보고 있자니 조금만 더 하자는 욕심이 들었다. 엄마들에겐 그렇게 애 좀 닦달하지 말라고 하면서도 막상 내 아이를 앞에 두고서는 솟아오르는 욕심과 기대를 저버릴 수가 없었던 거다. 어쩌겠는가. 나도 두 아이 앞에 있으면 이 땅의 지극히 평범한 엄마인 것을.

하지만 나는 당시 정모에게 공부를 계속해서 시킬 만한 여유가 없었다. 진료와 강의에 치여 하루 종일 시달리다 보니 집에 돌아와서 아이들과 얼굴 마주하는 것도 벅찼기 때문이다.

그런데 그로부터 2년쯤 지나 생각해 보니 오히려 다행이라는 생각이 들었다. 만일 당시 조금만 더 시간이 있었더라면, 하나를 잘하는 성모에게 "하나만 더, 하나만 더" 하며 계속 무언가를 시키려 들었을 테니까 말이다.

내가 이런 말을 하면 사람들은 배부른 소리라며 한마디 한다. 남들은 어떻게든 못 가르쳐 안달인데 왜 그냥 내버려 두냐는 것이다.

하지만 그건 잘못된 생각이다. 만일 내가 정모에게 이것저것 시켰더라면 분명 정모는 엄마의 기대에 부응하기 위해 가르치는 대로 무리 없이 따라와 줬을 거다. 하루가 다르게 실력이 늘어 남들로부터 신동 소리 들었을지도 모른다.

하지만 그것이 완전히 정모의 것으로 소화되어, 다른 것들을 공부하는 데 발판이 될 수 있었을까? 오히려 소화불량으로 인한 스트레스에 시달렸을 가능성이 높다. 정신없이 쏟아지는 학습 자극들을 자기 것으로 소화시킬 만한 시간적 정신적 여유가 없었을 테니 말이다.

새로운 것들을 습득함에 있어 응용 발전이 가능하도록 완전히 내 것으로 만드는 데 필요한 시간적 정신적 여유, 나는 그것을 '여백의 미'라 부른다.

아무리 좋은 보약이라도 단시일에 한꺼번에 먹으면 효용 가치가 떨어지거나, 잘못하면 탈이 나게 마련이다. 또한 아무리 맛난 음식이라도 매일 계속 먹으면 질릴 수밖에 없다.

그런데 엄마들은 무조건 먹일 줄만 알지 그게 제대로 소화되어 살로 가고 피로 가는 건 생각하지 않는다. 애가 체하든 말든, 그래서 병에 걸리든 말든 무조건 먹이려고만 드는 거다.

아이의 능력이 아무리 뛰어나도 주변의 자극을 받아들이고 제 나름대로 소화시킬 수 있는 용량은 이미 정해져 있다. 그리고 학습량이 그것을 초과할 경우 밑 빠진 독에 물을 붓듯 아무런 효과도 기대할 수 없다. 오히려 아이 스스로 뭔가를 받아들이고 재미를 느낄 계기마저 앗아간다.

문제는 엄마가 이 사실을 모른다는 거다. 내가 이 말을 하면 엄마들은 그런다.

"어디까지가 한계인지 어떻게 알아요?"

답은 하나다. 약간 부족한 듯할 때까지가 그 한계선이다. 그리고 채워지지 않은 그 나머지 부분이 바로 '여백'이 된다. 그 여백으로 인해 아이는 자기가 배운 것들을 갖고 혼자 궁리도 해 보고 자기 생활과 연결도 해 보며 나름대로 소화도 시킨다.

아이가 아주 어릴 때 가게 간판의 글자를 읽은 적이 있을 거다. 제대로 가르친 적도 없는데 "저거 '소' 자 맞지?" 하며 엄마를 놀라게 한 기억 말이다. 그것이 바로 여백의 미가 가져온 결과다. 언젠가 그림책에서 본 글자를 계속 기억하고 있다가 어느 순간 툭 하고 생활에서 바로 적용하는 게 아이들의 특성이다.

'여백의 미'에 대해 알게 된 다음부터 나는 정모에게 이것저것 더 가르칠 생각을 아예 버렸다. 그 시간에 차라리 혼자 제 마음껏 상상하며 놀도록 내버려 둔다. 어릴 때 우리가 하늘에 떠가는 구름이나 벽지에 그려진 그림들을 보며 상상의 세계에 빠져들었던 시간들을 정모에게도 갖게 하려는 거다.

한때 나는 경모에게 전 과목에 걸쳐 과외 공부를 시킬까 하는 엄청난 생각을 하기도 했다. 초등학교 3학년까지 학교 공부를 따라가지 못하는 경모를 보고 덜컥 겁이 났던 거다. 그런데 오랜 시간 고민 끝에 마음을 다시 고쳐먹었다. 경제적인 문제도 있었지만 가장 큰 이유는 다름 아닌 '여백의 미' 때문이었다. 혼자 소화시키고 나름대로 자기 것으로 만들기엔 전 과목 과외가 너무나 벅차다는 걸 나는 잘 알고 있었다. 그렇게 안 시킨 덕분에 경모는 이제 공부를 잘한다. 정말로 나는 안 시켰기 때문이라고 믿는다.

오늘도 나는 제 또래보다 뛰어난 정모를 보며, 조금은 부족한 경모를 보며 '조금만 더……'로 시작하는 강렬한 유혹을 느낀다. 하지만 언제 그랬냐는 듯 또다시 마음을 다잡는다. '조금 더' 가르치고 싶을 때가 멈출 때라는 사실을 떠올리면서 말이다.

아이는 당신의
모든 것을 따라한다

● "엄마, 할머니 아프니까 엄마가 설거지 좀 해. 엄마가 할머니보다 더 젊으니까 해도 괜찮지?"

현관문을 열고 막 신발을 벗으려는데 큰아이가 내 앞에 서서 대뜸 이렇게 말한다. 내가 뭘 잘못 들었나 싶어 다시 아이에게 물어보았다.

"아이 참, 할머니 감기 걸렸단 말야. 엄마가 설거지 해!"

이 아이가 우리 경모가 맞던가? 불과 어제만 하더라도 밥을 안 먹겠다며 할머니 진땀을 쏙 빼놓던 녀석이.

평소와는 다른 경모의 모습에 잠시 머뭇거리고 있는데 옆에 있던 보모 할머니가 슬그머니 내 손을 잡아끈다. 아이 눈에 띄지 않게 부엌으로 가서야 입을 여시는 할머니.

감기 기운이 있어 쉬고 있는데 경모가 오더니만 할머니 손을 잡고 장롱으로 가더란다. 그리곤 상비약을 담아 두었던 약상자를 꺼내 "할머니, 이건 열 내리는 약이고 이건 기침 멎게 하는 약이야" 하며 일일이 챙겨 주더라는 것이다. 그러더니만 온종일 할머니 뒤를 쫓아다니며 일하지 말고 쉬라며 성화였다고 했다. 처음엔 이 녀석이 또 무슨 장난을 치려나 했는데, 아이 표정이 너무 간절해 나중엔 눈물이 날 뻔했다는 거였다.

내가 경모의 행동에 의아했던 건 다 이유가 있었다. 어릴 적부터 낮 동안은 할머니의 보살핌을 받아 온 경모는 유독 할머니에게 이것저것 투정이 심했다. 다행히 그분이 워낙 자상하고 경험이 많은 분이셨기에 그런 경모의 행동이 큰 문제가 되진 않았다. 그런데 녀석이 유치원에 다니던 무렵이었다. 그날따라 유달리 밥투정을 하던 아이가 갑자기 목이 마르다며 물을 찾았다.

"물은 냉장고 안에 있으니까 꺼내서 마시렴."

당연히 할 수 있는 일을 시켰건만 아이가 대뜸 이렇게 말했다.

"싫어! 그걸 내가 왜 해! 할머니가 하면 되잖아. 그런 거 하려고 할머니가 우리 집에 있는 거 아니야?"

다섯 살짜리 입에서, 그것도 다름 아닌 내 자식 입에서 그런 얘기가 나오다니. 순간적으로 많은 생각이 스쳤다.

'그동안 내가 아이를 잘못 기른 게 아닐까. 아이 마음에 상처를 입혀선 안 된다는 생각에 아이 뜻대로 맞춰 준 것이 결국 저만 아는 '나쁜 아이'로 만든 건 아닐까.'

아이가 저토록 부정적이고 편견에 사로잡힌 생각을 하게 된 데는 엄마의 태도가 적지 않은 영향을 미쳤을 거라는 생각에 이르자 지나간 날들이 후회스러웠다.

'이제라도 바로잡아 줘야겠다.'

정신을 번쩍 차리고 설득 작업에 들어갔다.

"널 돌봐 주시는 분에게 어떻게 그런 말을 할 수가 있니? 너는 할머니가 힘들게 일하면 도와드려야겠다는 생각이 들지 않니?"

"몰라!"

들은 척도 안 하는 아이를 보며 가슴이 쿵 내려앉았다. 그래서 아이를 앞에 앉혀놓고 따끔하게 혼을 냈지만 아이의 행동은 별반 나아지지 않았다. 남편과도 상의를 해 봤지만 뾰족한 수가 없었고 그럴수록 경모를 친손자처럼 아끼는 할머니에게 너무나 죄송한 마음이 들었다.

나는 아이를 다그치는 한편 할머니에게 더욱 신경을 쓰고 잘해 드리려고 노력했다. 그렇게 애태운 것이 2년. 그러니 하루아침에 경모의 행동이 달라진 걸 보고 내가 놀란 것은 당연했다.

아이들은 태어난 순간부터 신체적으로나 정신적으로 쾌속정을 탄 듯 빠르게 변해간다. 그것이 바로 아이의 가장 중요한 특성이다. 그러다 보니 어른들 눈엔 변덕이 죽 끓는 듯 보일 수도 있다. 그것이 너무나 당연한 성장 과정인데도 말이다. 말 잘 듣던 아이가 갑자기 떼를 쓰는 것도, 저만 위하는 것처럼 행동을 하는 것도 세상에서 자기 존재를 인식하고, 자아를 찾아가는 과정이다. 그런 발달 과정에서 보이는 행동은 억지로 부모가 바로잡을 수 없고, 아이 역시 말을 듣지 않는다.

그렇다고 부모 입장에서는 그것을 곧이곧대로만 바라보고 있을 수는 없는 노릇이다. 그래서 애를 태우는 엄마들에게 나는 그런다.

"아이의 모델로 서라."

무언가 고쳐 주고 싶은 게 있다면 지금 당장 뜯어고치려 들 것이 아니라 시간을 두고 행동으로 보여 주라는 거다. 그저 보는 것만으로 배울 수 있게끔 말이다.

많은 엄마들은 "할머니에게 버릇없이 굴면 못써"라고 말하면서 본인들은 그렇게 행동하지 않는다. 친구와 싸우면 안 된다고 가르치면서도, 전화통을 붙들고 이웃과 소리소리 지르며 싸운다.

우리 집 아이가 갑자기 할머니를 끔찍이 위하게 된 것은 아이가 어느 정도 성숙한 사고를 갖게 된 탓도 있겠지만 우리 부부가 아이에게 모델로서 본을 보인 것도 크게 작용했을 거라 생각한다.

물론 그전부터 할머니를 정중하고 따뜻하게 모시기는 했지만, 아이의 태도가 나빠진 후부터는 더욱 그분에게 잘해 드리기 위해 노력했다. 아프면 약을 챙겨 드리기도 했고, 맛있는 음식이 있으면 아이 보는 앞에서 항상 먼저 드렸다.

진부하게 들릴지 모르지만 정말 변하지 않는 진실은, 아이는 부모가 하는 것을 그대로 보고 배운다는 것이다. "~해라" 하는 말을 통해 배우는 것보다는 부모의 모습과 말투, 행동 하나하나를 보며 표본으로 삼는다는 거다.

아이를 억지로 컨트롤하려고 들지 말자. 그리고 아이가 갖는 본성인 변화 자체를 인정하고, 그것이 곧 성숙에 이르는 과정이라 생각하자. '나는 오늘 아이의 모델로서 제대로 살았는가.' 아이는 지금 이 시간에도 엄마의 모습을 예의 주시하고 있다는 사실을 잊지 말자. '보여 주기'의 힘은 생각보다 세다.

함께 있되 거리를 두라

　소아정신과 의사로서 그동안 많은 아이들을 만나 왔지만, 진료실 문을 열고 들어오는 아이들을 보면 매번 새롭다. 그래서 나는 매일 아침 오늘은 또 어떤 아이들이 나를 찾을까 궁금해진다.

　월요일 아침에 나를 찾은 첫 손님은 세 살배기 꼬마 신사였다. 얼굴 하나 가득 장난기를 담은 꼬마는 문을 들어서자마자 진료실을 휘휘 둘러보더니만 이내 특유의 호기심이 발동했는지 이것저것 만지기 시작했다.

　"가만 못 있어!"

　아이 손을 낚아채는 엄마의 목소리. 그래도 아이는 성이 안 풀렸는지 의자에 앉은 채 연신 손과 발을 꼼지락거린다.

　"아휴, 선생님 얘가 이래요. 한 번도 엄마 말을 제대로 들은 적이 없어요."

엄마의 말을 빌리자면 하라는 건 절대 안 하고, 시키지 않은 일만 골라 하고, 잠시 눈을 뗐다 싶으면 꼭 말썽을 부리는 일명 '청개구리' 아이다. 성격적으로 무슨 문제가 있지 않고서야 이럴 수가 있느냐고 하소연하는 엄마.

일단 나는 엄마와 아이를 놀이방에 들여보냈다. 들어서자마자 아이가 종을 집어 들더니만 바닥을 내리지기 시작한다.

"그만두지 못하겠니?"

놀이방 밖에서 지켜본 광경은 그야말로 아수라장이었다. 그런데 가만히 지켜보니 아이보다 엄마가 더 흥분을 한다. 아이가 조금만 움직여도 바짝 긴장하면서 아이의 행동을 일단 제지부터 하려 들었다.

놀이방 밖으로 나온 모자의 모습은 너무나 대조적이었다. 엄마는 마치 등산이라도 다녀온 사람처럼 이마에 구슬땀이 맺혀 있었고, 아이는 하나도 달라진 것 없이 생생하니 살아 있었다. 이런저런 얘기 끝에 내린 내 처방은 이랬다.

"엄마가 생활 태도를 조금 바꾸셔야겠네요."

그 말을 들은 엄마가 갑자기 눈에 힘을 주더니 "아이한테 문제가 있어서 왔는데 저보고 고치라뇨?" 하며 따진다. 흥분한 엄마를 진정시킨 다음 "아이는 크게 문제가 없고 엄마가 조금만 마음을 달리 먹으면 된다"고 달래 보았지만 막무가내다.

결국 그 엄마는 나중에 다시 찾아오겠다며 아이 손을 붙잡고 휑하니 나가 버렸다.

아이와 갈등이 생길 때를 한번 생각해 보자. 왜 아이 때문에 힘이 들까. 솔직히 말해 그것은 아이가 부모가 '원하는' 대로 되지 않았기 때문이다. 아이에게 문제가 있어서라기보다는 부모의 기대에 아이가 맞춰 주지 않았기 때문이라는 거다.

이럴 때 부모들은 어쩔 줄을 모른다. 아이의 정신적 발달에 대해 공부를 하지 않았을 때는 나도 그랬다. 내 배 아파 낳은 자식이 머리가 좀 컸다고 말을 듣지 않을 땐 정말 속에서 불이 나는 심정이었다. 어떻게든 내 뜻에 맞춰 보려고 아이를 달래도 보고 야단도 쳐 보았다. 그런데 그래서 달라진 것은 아무것도 없었다.

매번 같은 실수가 반복될 때는 내가 모르는 다른 요인이 있는 건 아닌지 전체 상황을 한번 점검해 볼 필요가 있다. 무슨 방법을 써도 아이가 말을 듣지 않을 때는 단지 아이가 나빠서가 아니라 다른 이유가 있다는 말이다. 그렇다면 그 이유란 게 도대체 뭘까.

소아정신과 의사 노릇을 하면서 가장 크게 깨달은 점은 '아이는 어느 방향으로 튈지 모르는 럭비공 같은 존재'라는 것이다.

성장기의 아이들은 엄마가 아무리 신경을 써도 자주 아프다. 감기에도 자주 걸리고 여기저기 넘어져서 다치는 것도 다반사다. 왜 그럴까. 아직 면역 기관이나 신체의 여러 기능이 완성되지 않아 저항력이 떨어지기 때문이다.

정서상의 발육도 마찬가지다. 자아감이 발달해 가는 유아기에는 아무리 부모 마음대로 하려고 해도 아이는 절대 그 뜻을 따라 주지 않는다. 세상과 부딪치며 이것저것 경험해 보는 것이 그 시기 아이들의 본능이기 때문이다. 때론 그것이 부모 눈에는 엉뚱하게 비치고 그래서 제재를 해 보지만 그렇다고 아이가 달라지는 건 아니다.

이런 발상의 전환이 있기까지 나 역시 많은 감정적인 갈등을 겪었다. 잠자고 있는 아이 얼굴을 들여다보고 있으면, 왠지 이 아이가 내가 시키는 일이라면 뭐든지 다 할 것 같다는 환상에 사로잡히기도 했었다. 그러다가도 아이 입에서 "싫어"라는 말 한마디가 나오면 '도로 뱃속에 집어넣고 싶은' 심정이 됐다. 그렇게 보낸 시간이 수년. 오죽하면 아이와 함께했던 그 시간을 인고의 세월이라고 하겠는가.

이 마음은 끝까지 아이를 포기하지 않는 힘이 됨과 동시에, 때론 아이와 엄마 자신을 망치는 독이 되기도 한다. 그것이 독으로 변질되지 않고 '힘' 자체로 남기 위해선 먼저 나와 아이가 공생 관계에 있다는 환상에서 벗어나야 한다. 그리고 아이가 원격조종 장치로 움직이는 장난감 자동차가 아니라는 것 역시 이성이 아닌 가슴으로 깨달아야 한다.

먼저 아이의 마음속을 들여다보자. 아이의 마음이 내 마음과 다르다는 것, 아이가 그렇게 행동하는 것이 그 나이에 당연하다는 걸 곰곰이 곱씹어 보는 거다. 그러나 생각만큼 그 일이 쉽지는 않다.

어릴 때부터 짜증이 많았던 큰애는 유독 제 엄마가 쉬는 주말만 되면 엄마를 보채곤 했다. 엄마 생각은 조금도 않고 울며 떼를 쓰는 아이를 보며 화가 났던 적이 한두 번이 아니다. 뿐만인가. 학교에서 숙제라도 받아 오면 엄마 말은 한 귀로 흘리고 차일피일 미루는 녀석을 보면 '밉다'는 생각이 절로 들곤 했다.

　그러나 일단 집을 떠나 병원으로 다시 돌아와 수많은 아이들을 만나다 보면 그런 감정이 어느 정도 수그러든다. 이미 통제선 밖으로 넘어선 나의 감정을 주변 상황이 바로잡아 주는 것이다.

　그래서 나는 엄마들에게 자신만의 정신적인 공간, 아이에게로 향한 지나친 집착을 완화시킬 다른 세계를 가져야 한다고 말한다. 이는 결코 아이를 멀리하라는 뜻이 아니다. 순간의 해방감을 위한 단편적인 방편이 아닌, '아이'라는 우물에 갇혀 있는 자신을 계속 흐르게 만들어 줄 활력소를 찾아야 한다는 것이다. 글쓰기가 될 수도 있고, 자원 봉사 활동이 될 수도 있다. 무엇이든 자신에게 맞는 활력소를 찾을 때 비로소 아이로 인한 갈등을 희석시킬 수 있다. 그리고 다시 웃으며 아이를 바라보는 힘을 얻게 된다.

　내가 아는 한 엄마는 집안 사정으로 인해 전문대를 어렵게 졸업하고 흔히 말하는 약간 '기우는' 결혼을 했다. 남편은 명문대 출신으로 대기업에서 인정받으며 출세가도를 달리고 있었는데, 시댁의 반대를 무릅쓰고 어렵게 결혼한 그녀. 결혼 후에 그녀는 그나마 다니던 직장을 그만두고 집안에 들어앉았다. 그리고 얼마 후 아들을 낳았다. 스스로를 '가진 것 없는 여자'라 생각한 그녀가 얼마나 아이에게 집착을 했겠는가.

　아이를 잘 키워야 한다는 강박관념에 사로잡혀 그녀는 매사 아이를 들볶기 시작했다. 엄마의 그런 강압에 못 이긴 아이는 엄마 지갑에 있는 돈을 훔치는 등 도벽 증상을 보였다.

내게 찾아왔을 때 정작 치료를 받아야 할 사람은 아이가 아닌 엄마였다. 그러나 상황이 그렇게까지 되었음에도 불구하고 그녀는 끝까지 아이에 대한 집착을 놓지 않았다.

아이 기르는 데 있어 정작 문제의 원인은 아이에게 있다기보다 엄마 자신에게 있는 경우가 훨씬 많다. 아이 입장에선 당연한 행동이 엄마의 집착 어린 시각에선 뭔가 바로잡아 줘야 하고, 고쳐 줘야 할 것으로 느껴진다.

아이를 제대로 이해하기 위해서, 그리고 엄마 자신도 행복해지기 위해서 이제 아이와 함께 있되 거리를 두라. 아이에게서 한걸음 물러섰을 때 가까이에서는 볼 수 없었던 아이의 마음이 조금씩 느껴질 것이다. 결국은 그것이야말로 아이를 느리게 키우기 위해 엄마가 지녀야 할 기본적인 자세가 아닐까.